# TEORIA ESTATÍSTICA DE AMOSTRAGEM

# TEORIA ESTATÍSTICA DE AMOSTRAGEM

*Fabiano Batista Ribeiro*

Rua Clara Vendramin, 58 – Mossunguê
CEP 81200-170 – Curitiba – PR – Brasil
Fone: (41) 2106-4170
www.intersaberes.com
editora@intersaberes.com

**Conselho editorial**
Dr. Alexandre Coutinho Pagliarini
Dr.ª Elena Godoy
Dr. Neri dos Santos
M.ª Maria Lúcia Prado Sabatella

**Editora-chefe**
Lindsay Azambuja

**Gerente editorial**
Ariadne Nunes Wenger

**Assistente editorial**
Daniela Viroli Pereira Pinto

**Preparação de originais**
Palavra Arteira Edição e Revisão de Textos

**Edição de texto**
Camila Rosa
Natasha Saboredo
Palavra do Editor

**Capa**
Luana Machado Amaro
Madredus/Shutterstock

**Projeto gráfico**
Sílvio Gabriel Spannenberg

**Adaptação do projeto gráfico**
Kátia Priscila Irokawa

**Diagramação**
Regiane Rosa

**Equipe de *design***
Sílvio Gabriel Spannenberg

**Iconografia**
Regina Claudia Cruz Prestes
Sandra Lopis da Silveira

**Dados Internacionais de Catalogação na Publicação (CIP)**
**(Câmara Brasileira do Livro, SP, Brasil)**

Ribeiro, Fabiano Batista
    Teoria estatística de amostragem / Fabiano Batista Ribeiro. -- Curitiba, PR : Editora InterSaberes, 2023.

    Bibliografia
    ISBN 978-85-227-0554-2

    1. Amostragem (Estatística) 2. Estatística – Estudo e ensino I. Título.

23-158000                                                                                      CDD-519.507

**Índices para catálogo sistemático:**
1. Estatística : Estudo e ensino    519.507

Eliane de Freitas Leite – Bibliotecária – CRB 8/8415

1ª edição, 2024.
Foi feito o depósito legal.

Informamos que é de inteira responsabilidade do autor a emissão de conceitos.

Nenhuma parte desta publicação poderá ser reproduzida por qualquer meio ou forma sem a prévia autorização da Editora InterSaberes.

A violação dos direitos autorais é crime estabelecido na Lei n. 9.610/1998 e punido pelo art. 184 do Código Penal.

# Sumário

9 *Prefácio*
11 *Apresentação*
14 *Como aproveitar ao máximo este livro*

21 Capítulo 1 – Introdução à teoria estatística de amostragem
21 1.1 Levantamentos por amostragem *versus* levantamentos censitários
24 1.2 Unidades de análise e especificação dos parâmetros
28 1.3 Tipos de população e sistemas de referência
28 1.4 Amostragem probabilística *versus* amostragem não probabilística

37 Capítulo 2 – Critérios para elaboração de um delineamento amostral
38 2.1 Tipos de amostras probabilísticas
41 2.2 Erro amostral *versus* erro não amostral
43 2.3 Teoria unificada de amostragem: ideias básicas
49 2.4 Parâmetros, estatísticas, estimadores e erro quadrático médio

57 Capítulo 3 – Amostragem aleatória simples
58 3.1 AAS com e sem reposição
59 3.2 Descrição do plano amostral
60 3.3 Estimadores da média, do total e de uma proporção populacional
62 3.4 Estimador da variância populacional, erro-padrão dos estimadores e intervalo de confiança (IC)
65 3.5 Comparando AASc com AASs pela variância dos estimadores

75 Capítulo 4 – Amostragem aleatória estratificada
76 4.1 Definições e notações
78 4.2 Descrição do plano amostral
78 4.3 Estimadores da média, do total e da variância populacional
80 4.4 Estimador de uma proporção populacional
81 4.5 Alocação da amostra: uniforme, proporcional, de Neyman

| | |
|---|---|
| 97 | **Capítulo 5 – Amostragem sistemática** |
| 98 | 5.1 Descrição do plano amostral |
| 98 | 5.2 Vantagens e desvantagens da amostragem sistemática |
| 100 | 5.3 Comparação entre AS e AE |
| 101 | 5.4 Estimativa da média e da variância da média amostral |
| 107 | **Capítulo 6 – Amostragem aleatória por conglomerados** |
| 108 | 6.1 Eficiência da amostragem por conglomerados com base em exemplos |
| 109 | 6.2 Principais ideias sobre amostragem por conglomerados em uma etapa |
| 110 | 6.3 Descrição do plano amostral |
| 111 | 6.4 Comparação com a amostragem sistemática |
| 117 | *Considerações finais* |
| 118 | *Lista de siglas* |
| 119 | *Referências* |
| 121 | *Respostas* |
| 126 | *Sobre o autor* |

# Dedicatória

Dedico esta obra primeiramente a Deus, que me vocacionou para o magistério e tem me capacitado a cada dia para cumprir a minha carreira. A capacitação se manifesta de uma maneira direta ou por meio de pessoas que marcaram e marcam minha vida profissional, bem como por intermédio de instituições que permitem que eu exerça o trabalho e transborde a capacitação que tenho recebido.

Dedico à minha esposa, Juliana, que tem acompanhado e sonhado com minha carreira desde as aulas particulares na Rua Treze de Maio, quando ainda namorávamos. Parceira, conselheira, torcedora e, desde sempre, minha melhor amiga.

Dedico aos meus filhos, Rafaela e Enzo, que me "emprestam" para realizar meu trabalho e sabem que vai além de fonte de renda, pois é uma grande missão. Enquanto me veem ocupado com as aulas ou autorias, sentem que poderia ser um tempo de qualidade entre pai e filhos, mas entendem e se fazem presentes e parceiros com compreensão e, lógico, muitos abraços e beijos.

Dedico aos meus alunos, que são o foco de minha missão. Todo o carinho que recebo deles é mais uma manifestação do amor de Deus por mim. Minha missão é ser, de forma recíproca, a manifestação do amor de Deus por eles.

# Agradecimentos

A carreira de professor exige muita preparação e dedicação. Além do fato de lidar com pessoas e todas as suas variantes, há a distância geracional entre o profissional e os alunos. Isso é algo que precisa ser levado em conta na preparação emocional e pessoal do professor.

Meu agradecimento vai para uma pessoa que, no início da minha carreira, quando toda a inexperiência e a incompreensão das demandas que teria de cumprir quase me levaram a abandoná-la, acreditou que eu tinha total condição de ser um profissional bem-sucedido: a professora Marli Mendes, que viu em mim algo que eu não conseguia enxergar como possível. Com muita paciência e compreensão, ela explicou muitas e muitas coisas a respeito do meu relacionamento com meus alunos e que todo o bem que ela sabia que eu desejava a eles precisaria ser transmitido de modo efetivo. Me ensinou. Me deixou errar. Pude aprender. Pude crescer. Por isso, muito obrigado.

# Prefácio

Sempre fui apaixonado por matemática. Aos 14 anos de idade, eu já dava aulas particulares de Matemática. Quis fazer faculdade de Matemática, mas, por motivos diversos, abandonei a ideia. Minha trajetória profissional fez com que eu me voltasse para a área educacional, na qual conheci o Fabiano, professor da "temida" Matemática.

Nosso encontro se deu não pela essência da matemática, mas pela essência do papel da educação: um processo permanente de transformação individual e com impactos no coletivo. É incrível como, por conta de um modelo já ultrapassado, muitas pessoas tendem a associar bom desempenho na área de matemática a uma privilegiada inteligência. O desempenho acadêmico na área de matemática foi uma constante na vida do Fabiano, mas a decisão de escrever este livro e compartilhar seus conhecimentos ultrapassa a fronteira de apenas tornar mais fácil o entendimento de um "pedaço da estatística".

Se eu puder fazer um paralelo entre a essência do conteúdo do livro e nossas vidas, diria que é preciso analisar bem o problema antes de escolher o critério para tomar a decisão que construirá a solução mais efetiva para os nossos problemas. Existem, sim, várias alternativas para se resolver qualquer problema, mas ter clareza para escolher a melhor é definitivamente uma contribuição que o professor Fabiano dá, tanto técnica quanto humanamente, ao explicar como escolher uma amostra adequada.

Disse a Fabiano que, ao escrever este livro, ele ultrapassou o aspecto de auxiliar no ensino da ciência matemática, chegando ao ponto de compartilhar com todos algumas premissas não conhecidas e não evidentes.

A primeira delas é: uma característica essencial de alguém que se torna realizado profissionalmente é a vontade de retribuir compartilhando o que aprendeu ao longo de sua trajetória. Isso Fabiano faz ao escrever este livro. A segunda é aproximar o conhecimento matemático da vida de cada um de nós. A gente não precisa ser ótimo em matemática para viver bem, mas saber utilizar a matemática contribui de maneira significativa para nossa organização pessoal e planejamento de vida. Fabiano quer uma matemática útil para todos. Por último, mas não menos importante, para utilizar um jargão já conhecido, Fabiano se tornou um grande educador a partir da matemática: alguém com a preocupação de que todos possam ser felizes desfrutando do dom da vida e enfrentando as dificuldades com alegria e determinação, talvez até adquirindo essa capacidade fazendo frente aos obstáculos que surgem no aprendizado da matemática. Fabiano é gente. Ele usou, e usa, o espaço da sala de aula para, a partir dele, contribuir para formar cidadãos mais plenos e não apenas pessoas com melhores resultados acadêmicos. Como educador, ele entende que as pessoas têm diferentes capacidades e desenvolvem competências diversas com base em suas características individuais. Assim, serão melhores e contribuirão para tornar melhor a sociedade em que vivemos se buscarem maximizar seu potencial com as ferramentas de que dispõem.

Para que este livro cumpra o seu propósito, Fabiano não espera que necessariamente você atinja o ponto máximo de sua curva de desempenho. Ele se contenta em provocá-lo, leitor, a definir um ponto de inflexão em sua trajetória.

**Prof. Emilio Carlos de Castro Paiva**

Especialista em Sustentabilidade e Estratégia Empresarial pela FAE Business School e graduado em Administração pela Universidade de São Paulo (USP). Consultor de carreira, coordenador de cursos de graduação e pós-graduação da FAE Business School e sócio-diretor da Ser Melhor Capacitação e Desenvolvimento Pessoal

# Apresentação

A estatística tem uma história interessante, com fatos recentes que fazem pensar que ela surgiu "neste século".

> Não podemos escapar dos dados, assim como não podemos evitar o uso de palavras. Tal como palavras os dados não se interpretam a si mesmos, mas devem ser lidos com entendimento. Da mesma maneira que um escritor pode dispor as palavras em argumentos convincentes ou frases sem sentido, assim também os dados podem ser convincentes, enganosos ou simplesmente inócuos. A instrução numérica, a capacidade de acompanhar e compreender argumentos baseados em dados, é importante para qualquer um de nós. O estudo da estatística é parte essencial de uma formação sólida.
> (Moore, 2000, citado por Souza; Santos, 2014, p. 3)

Durante algum tempo, a estatística foi considerada apenas uma disciplina semestral/anual de alguns cursos técnicos ou dos setores de exatas e engenharias das universidades. Atualmente, com uma enorme importância em vários âmbitos, está consolidada nas melhores instituições de ensino do mundo em cursos de pós-graduação, gerando pesquisa, inovação e crescimento.

Tamanha importância como conhecimento e prática passa pelo processo de escolher, para cada situação, o melhor caminho e a melhor estratégia. As técnicas de amostragem trabalhadas neste livro abordam esse momento de prática do profissional de estatística. Acreditamos que uma obra com conteúdo técnico precisa ser utilizada em rotinas reais e que potencializem a plenitude do que foi tratado.

Enquanto estiver com este livro, leitor, a estratégia de consultar profissionais ou conhecedores das aplicações estatísticas de modo real engrandecerá ainda mais aquilo que, durante a leitura, possa apresentar tons apenas teóricos. Ao visualizar a prática dos conceitos, os exemplos e os casos citados na obra, "saltarão do texto" muitas verdades que terão sua compreensão facilitada pela vivência real.

Seja lúdico. Imagine pesquisas estatísticas cuja técnica de amostragem escolhida será uma decisão sua. O que você faria? Por quê? Como faria? Se a ideia não surgir de forma espontânea, peça a alguns profissionais que compartilhem algum caso para que você defina o melhor caminho e as justificativas da escolha.

Levar o conteúdo abordado para o contexto prático vai colaborar para a extração do que há de melhor na obra, tendo em vista sua boa formação profissional.

No Capítulo 1, tratamos da construção do conceito de amostragem, ao passo que no Capítulo 2 apresentamos uma explicação geral de cada tipo de amostragem e sua utilização, além de abordar o conceito de erro.

Na sequência do livro, examinamos de maneira mais detalhada cada tipo de amostragem. Especificamente no Capítulo 3, analisamos a amostragem aleatória simples; no Capítulo 4, a amostragem aleatória estratificada; no Capítulo 5, a amostragem sistemática; e, no Capítulo 6, a amostragem por conglomerados.

# Como aproveitar ao máximo este livro

Empregamos nesta obra recursos que visam enriquecer seu aprendizado, facilitar a compreensão dos conteúdos e tornar a leitura mais dinâmica. Conheça a seguir cada uma dessas ferramentas e saiba como estão distribuídas no decorrer deste livro para bem aproveitá-las.

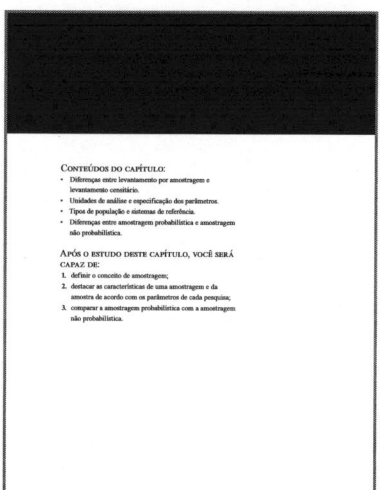

## Conteúdos do capítulo:
Logo na abertura do capítulo, relacionamos os conteúdos que nele serão abordados.

## Após o estudo deste capítulo, você será capaz de:
Antes de iniciarmos nossa abordagem, listamos as habilidades trabalhadas no capítulo e os conhecimentos que você assimilará no decorrer do texto.

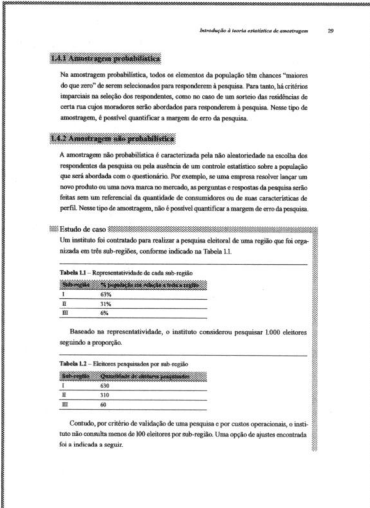

## Estudo de caso
Nesta seção, relatamos situações reais ou fictícias que articulam a perspectiva teórica e o contexto prático da área de conhecimento ou do campo profissional em foco com o propósito de levá-lo a analisar tais problemáticas e a buscar soluções.

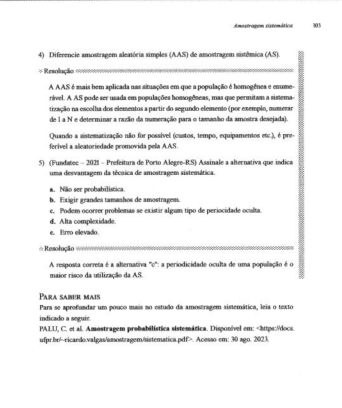

## Para saber mais
Sugerimos a leitura de diferentes conteúdos digitais e impressos para que você aprofunde sua aprendizagem e siga buscando conhecimento.

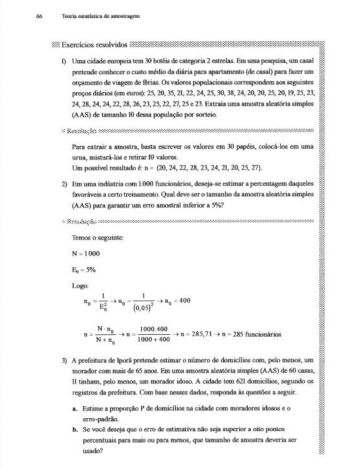

## Exercícios resolvidos
Nesta seção, você acompanhará passo a passo a resolução de alguns problemas complexos que envolvem os assuntos trabalhados no capítulo.

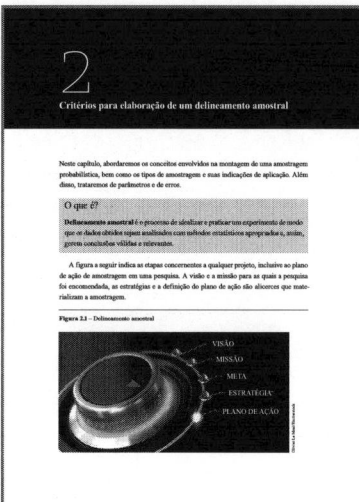

# O QUE É
Nesta seção, destacamos definições e conceitos elementares para a compreensão dos tópicos do capítulo.

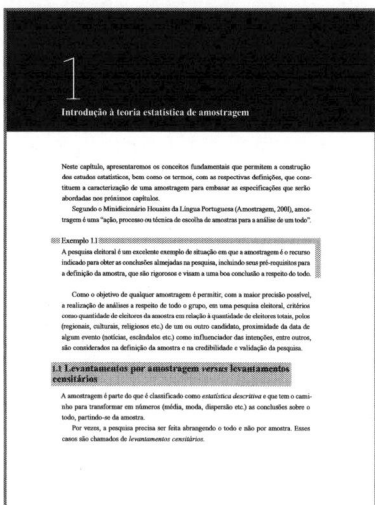

# Exemplo
Disponibilizamos, nesta seção, exemplos para ilustrar conceitos e operações descritos ao longo do capítulo a fim de demonstrar como as noções de análise podem ser aplicadas.

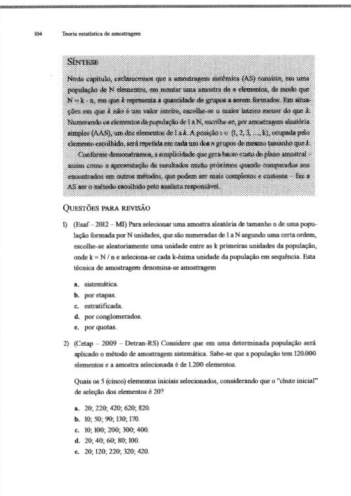

## Síntese

Ao final de cada capítulo, relacionamos as principais informações nele abordadas a fim de que você avalie as conclusões a que chegou, confirmando-as ou redefinindo-as.

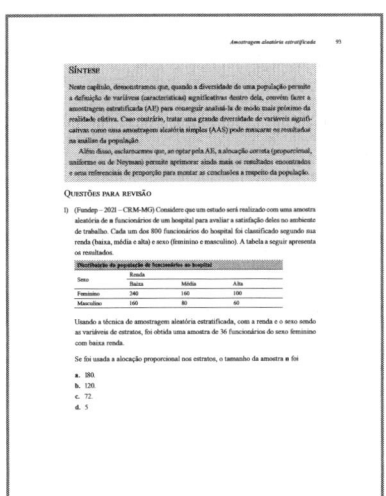

## Questões para revisão

Ao realizar estas atividades, você poderá rever os principais conceitos analisados. Ao final do livro, disponibilizamos as respostas às questões para a verificação de sua aprendizagem.

## Questão para reflexão

Ao propormos estas questões, pretendemos estimular sua reflexão crítica sobre temas que ampliam a discussão dos conteúdos tratados no capítulo, contemplando ideias e experiências que podem ser compartilhadas com seus pares.

---

**Questão para reflexão**

1) Um tribunal pretende pesquisar o tempo médio em que processos dos tipos familiar e trabalhista são solucionados. Suponha que os processos do tipo familiar sejam solucionados quase todos no mesmo tempo e que os do tipo trabalhista sejam solucionados com maior variação de tempo entre eles. São escolhidos $n$ processos de cada tipo, sendo o tamanho amostral desprezível com relação ao tamanho populacional. O que se pode concluir ao comparar a variância do estimador de média da amostragem estratificada (AE) e da amostragem aleatória simples com reposição (AASc)? Justifique sua resposta.

## Conteúdos do capítulo:

- Diferenças entre levantamento por amostragem e levantamento censitário.
- Unidades de análise e especificação dos parâmetros.
- Tipos de população e sistemas de referência.
- Diferenças entre amostragem probabilística e amostragem não probabilística.

## Após o estudo deste capítulo, você será capaz de:

1. definir o conceito de amostragem;
2. destacar as características de uma amostragem e da amostra de acordo com os parâmetros de cada pesquisa;
3. comparar a amostragem probabilística com a amostragem não probabilística.

# Introdução à teoria estatística de amostragem

Neste capítulo, apresentaremos os conceitos fundamentais que permitem a construção dos estudos estatísticos, bem como os termos, com as respectivas definições, que constituem a caracterização de uma amostragem para embasar as especificações que serão abordadas nos próximos capítulos.

Segundo o Minidicionário Houaiss da Língua Portuguesa (Amostragem, 2001), amostragem é uma "ação, processo ou técnica de escolha de amostras para a análise de um todo".

### Exemplo 1.1
A pesquisa eleitoral é um excelente exemplo de situação em que a amostragem é o recurso indicado para obter as conclusões almejadas na pesquisa, incluindo seus pré-requisitos para a definição da amostra, que são rigorosos e visam a uma boa conclusão a respeito do todo.

Como o objetivo de qualquer amostragem é permitir, com a maior precisão possível, a realização de análises a respeito de todo o grupo, em uma pesquisa eleitoral, critérios como quantidade de eleitores da amostra em relação à quantidade de eleitores totais, polos (regionais, culturais, religiosos etc.) de um ou outro candidato, proximidade da data de algum evento (notícias, escândalos etc.) como influenciador das intenções, entre outros, são considerados na definição da amostra e na credibilidade e validação da pesquisa.

## 1.1 Levantamentos por amostragem *versus* levantamentos censitários

A amostragem é parte do que é classificado como *estatística descritiva* e que tem o caminho para transformar em números (média, moda, dispersão etc.) as conclusões sobre o todo, partindo-se da amostra.

Por vezes, a pesquisa precisa ser feita abrangendo o todo e não por amostra. Esses casos são chamados de *levantamentos censitários*.

## Exemplo 1.2

O gráfico a seguir mostra o resultado de uma pesquisa por amostragem com as conclusões geradas na análise de uma parte (amostra) da população brasileira.

**Gráfico 1.1** – Nível de instrução das pessoas com 25 anos ou mais de idade (Brasil – 2019)

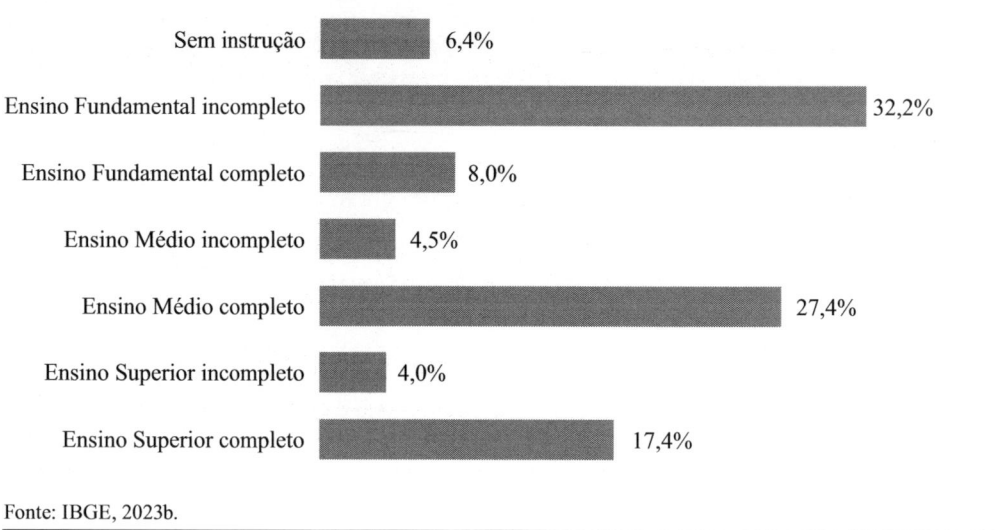

Fonte: IBGE, 2023b.

Trata-se de um gráfico de barras que mostra a distribuição do nível de instrução dos brasileiros com 25 anos de idade ou mais, de acordo com o Censo de 2019: sem instrução – 6,4%; ensino fundamental incompleto – 32,2%; ensino fundamental completo – 8,0%; ensino médio incompleto – 4,5%; ensino médio completo – 27,4%; ensino superior incompleto – 4,0%; e ensino superior completo – 17,4%.

## Exemplo 1.3

O gráfico a seguir indica outro levantamento censitário a respeito do número de matrículas no ensino fundamental do Brasil com as quantidades totais de cada ano, de 2016 até 2019.

**Gráfico 1.2** – Número de matrículas no ensino fundamental (Brasil – 2016-2020)

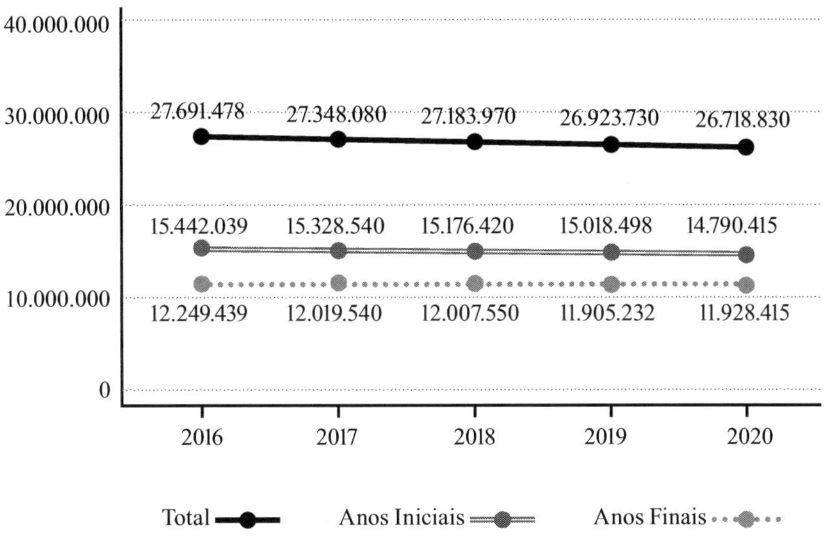

[Gráfico de linhas com três séries ao longo de 2016-2020:
- Total: 27.691.478 (2016), 27.348.080 (2017), 27.183.970 (2018), 26.923.730 (2019), 26.718.830 (2020)
- Anos Iniciais: 15.442.039, 15.328.540, 15.176.420, 15.018.498, 14.790.415
- Anos Finais: 12.249.439, 12.019.540, 12.007.550, 11.905.232, 11.928.415]

Fonte: Brasil, 2021, p. 23.

Trata-se de um gráfico de linha com as quantidades de matrículas feitas no ensino fundamental em cada ano. Em 2016, foram 27.691.478 matrículas no total, sendo 15.442.039 nos anos iniciais e 12.249.439 nos anos finais. Em 2017, foram 27.348.080 no total, sendo 15.328.540 nos anos iniciais e 12.019.540 nos anos finais. Em 2018, foram 27.183.970 no total, sendo 15.176.420 nos anos iniciais e 12.007.550 nos anos finais. Em 2019, foram 26.923.730 no total, sendo 15.018.498 nos anos iniciais e 11.905.232 nos anos finais. Em 2020, foram 26.718.830 no total, sendo 14.790.415 nos anos iniciais e 11.928.415 nos anos finais.

O Gráfico 1.1 apresenta uma **pesquisa por amostragem** feita pelo Instituto Brasileiro de Geografia e Estatística (IBGE). Já o Gráfico 1.2 se refere a uma **pesquisa censitária** feita pelo Instituto Nacional de Estudos e Pesquisas Educacionais Anísio Teixeira (Inep). As duas pesquisas foram realizadas com grupos distintos e, consequentemente, não há vínculos entre as conclusões, o que impede a comparação entre elas.

O primeiro exemplo **sugere** com precisão que, para qualquer grupo de brasileiros com 25 anos ou mais, há aquela distribuição (%) de escolaridade. O segundo **garante** com exatidão que todos os alunos matriculados no ensino fundamental do Brasil seguem aquela distribuição entre as séries do segmento.

## 1.2 Unidades de análise e especificação dos parâmetros

Para serem obtidas conclusões a respeito de uma amostra, é necessário o estabelecimento de unidades de análise e de parâmetros.

### 1.2.1 Unidades de análise

O processo de amostragem (determinação da amostra) precisa definir qual será (ou quais serão) a(s) unidade(s) de análise destacada(s) na pesquisa e qual será a fonte que fornecerá as informações para a obtenção das conclusões almejadas para o todo.

**Exemplo 1.4**

Confira a seguir alguns tópicos que fundamentam a Pesquisa Nacional por Amostra de Domicílios Contínua (Pnad Contínua), realizada pelo IBGE.

**Informações Gerais**

**Objetivo**

O principal objetivo é produzir informações contínuas sobre a inserção da população no mercado de trabalho e de características tais como idade, sexo e nível de instrução, bem como permitir o estudo do desenvolvimento socioeconômico do País através da produção de dados anuais sobre outras formas de trabalho, trabalho infantil, migração, entre outros temas.

**Tipo de operação estatística**

Pesquisa domiciliar de emprego

**Tipo de dados**

Dados de pesquisa por amostragem probabilística

**Periodicidade de divulgação**

Trimestral

**População-alvo**

É a população constituída por todas as pessoas moradoras em domicílios particulares permanentes da área de abrangência da pesquisa.

**Metodologia**

A pesquisa é realizada através de uma amostra de domicílios, de forma a garantir a representatividade dos resultados para os níveis geográficos em que é produzida.

Esquema de rotação da amostra de domicílios: A pesquisa foi planejada para ter periodicidade de coleta trimestral, ou seja, a amostra total de domicílios é coletada em um período de 3 meses, para ao final deste ciclo serem produzidas as estimativas dos indicadores desejados.

Um dos principais interesses em pesquisas contínuas que acompanham o mercado de trabalho é a inferência a respeito de mudanças no comportamento dos indicadores, considerando o período de divulgação definido. Nestas situações a amostra é planejada de tal forma que haja rotação dos domicílios selecionados, mantendo uma parcela sobreposta entre dois períodos de divulgação subsequentes.

No caso da PNAD Contínua, como o período de divulgação é trimestral, o esquema de rotação da amostra adotado foi o esquema 1-2(5), que é o mais eficiente quando um dos principais interesses da pesquisa é a inferência a respeito de mudanças em indicadores trimestrais. Neste esquema o domicílio é entrevistado 1 mês e sai da amostra por 2 meses seguidos, sendo esta sequência repetida 5 vezes.

**Técnica de coleta:**

CAPI – Entrevista pessoal assistida por computador

[...]

**Unidades de informação**

**Unidade de investigação**

Pessoa

**Unidade de análise**

Pessoa

**Unidade informante**

Pessoa (IBGE, 2023c, grifo do original)

A amostragem da Pnad Contínua é realizada mediante entrevista (questionário, formulário, conversa presencial, ligação, *chat*, *e-mail* etc.), a qual deve ser respondida por pessoas que moram em domicílios de determinada região. Ou seja, a **unidade de análise** da Pnad Contínua é a **pessoa**.

A unidade de análise pode variar: pode ser o amperímetro utilizado na medição da intensidade elétrica em um circuito ou uma empresa do ramo farmacêutico que vende medicamentos genéricos, por exemplo. Em outras palavras, há diversas situações de análise, e toda pesquisa por amostragem conta com uma unidade específica.

### 1.2.2 Parâmetros

> **O que é?**
>
> Os parâmetros são valores fixos previamente definidos como reguladores, os quais possibilitam a obtenção de conclusões (classificação ou validação) sobre os dados da pesquisa.
>
> São os parâmetros que definem, por exemplo, se um amperímetro pode ser utilizado após a pesquisa amostral de seu funcionamento em circuitos elétricos. Os parâmetros definidos pelo Instituto Nacional de Metrologia, Qualidade e Tecnologia (Inmetro) indicam se o lote de pacotes de açúcar de 500 g de determinada indústria, por exemplo, poderá ser colocado nas prateleiras do mercado, após a realização de uma pesquisa por amostragem com alguns pacotes do lote.

A **distribuição gaussiana** (distribuição normal) apresenta dois parâmetros: média $\mu$ e desvio-padrão $\sigma$. Cada contexto da pesquisa tem os valores de referência para os parâmetros e, na construção das curvas (gráfico), há a definição das regiões do plano que apontam para a informação desejada, assim como as conclusões sobre a amostra.

**Exemplo 1.5**

Para uma distribuição com $\mu = 10$ e $\sigma = 2$, é possível encontrar as probabilidades para diversos intervalos, os quais podem variar para cada pesquisa.

O Gráfico 1.3 indica a probabilidade para valores de referência no intervalo [8,12].

**Gráfico 1.3** – Distribuição normal para uma população

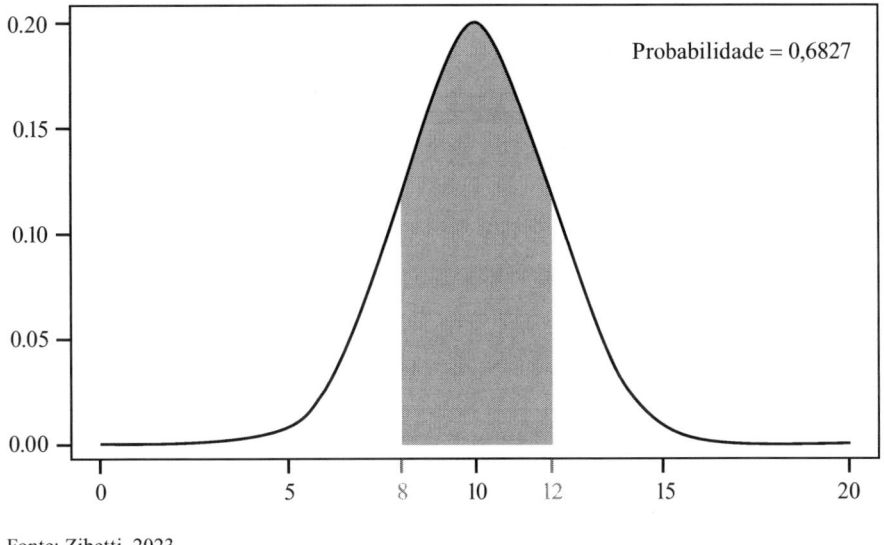

Fonte: Zibetti, 2023.

No Gráfico 1.3, é possível detectar a distribuição normal para uma população que apresenta como parâmetros média 10 e desvio-padrão 2. A probabilidade para que um valor esteja no intervalo de 8 a 12 é igual a 0,6827.

O Gráfico 1.4 mostra a probabilidade para valores de referência no intervalo [6,14].

**Gráfico 1.4** – Distribuição normal para uma população

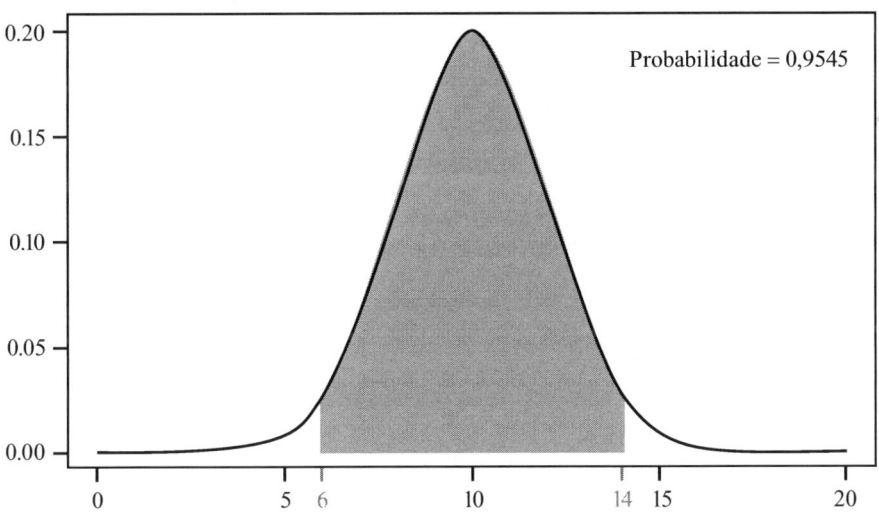

Fonte: Zibetti, 2023.

No Gráfico 1.4, temos a distribuição normal para uma população que apresenta como parâmetros média 10 e desvio-padrão 2. A probabilidade para que um valor esteja no intervalo de 6 a 14 é igual a 0,9545.

## 1.3 Tipos de população e sistemas de referência

Identificar o tipo de população e definir o sistema de referência são ações necessárias para executar o trabalho com a amostra.

### 1.3.1 População

A população pode ser definida como o conjunto de todos os elementos (pessoas, medidas etc.) a serem estudados. É o público-alvo da pesquisa, considerando-se 100% dos elementos.

Na estatística, a população conta com duas classificações: finita e infinita. A **população finita** tem uma quantidade de elementos que viabiliza um levantamento censitário, ao passo que a **população infinita** apresenta uma quantidade de elementos que dificulta o levantamento censitário, de modo que a análise é normalmente feita por amostragem.

### 1.3.2 Sistemas de referência

É necessário numerar as unidades populacionais de 1 a N, em que N é o tamanho da população. A quantidade de dígitos do número de cada unidade é sempre a mesma, sendo definida pela quantidade de dígitos do valor de N. Quando o número de uma unidade populacional tem menos dígitos do que N, completa-se com 0 (zero) à esquerda.

**Exemplo 1.6**

Se uma população tem 2.345 elementos, o sistema de referência irá de 1 até 2.345. A unidade populacional número 45 será referenciada por 0045, ao passo que a unidade populacional número 1056 será referenciada por 1056.

O sistema de referência é utilizado para: organização das unidades populacionais; classificação crescente ou decrescente de seus valores; formação de intervalos com os valores; e escolha aleatória de uma ou mais unidades.

## 1.4 Amostragem probabilística *versus* amostragem não probabilística

A possibilidade de quantificar ou não a margem de erro em uma amostragem é o que diferencia as amostras probabilísticas das não probabilísticas.

### 1.4.1 Amostragem probabilística

Na amostragem probabilística, todos os elementos da população têm chances "maiores do que zero" de serem selecionados para responderem à pesquisa. Para tanto, há critérios imparciais na seleção dos respondentes, como no caso de um sorteio das residências de certa rua cujos moradores serão abordados para responderem à pesquisa. Nesse tipo de amostragem, é possível quantificar a margem de erro da pesquisa.

### 1.4.2 Amostragem não probabilística

A amostragem não probabilística é caracterizada pela não aleatoriedade na escolha dos respondentes da pesquisa ou pela ausência de um controle estatístico sobre a população que será abordada com o questionário. Por exemplo, se uma empresa resolver lançar um novo produto ou uma nova marca no mercado, as perguntas e respostas da pesquisa serão feitas sem um referencial da quantidade de consumidores ou de suas características de perfil. Nesse tipo de amostragem, não é possível quantificar a margem de erro da pesquisa.

#### Estudo de caso

Um instituto foi contratado para realizar a pesquisa eleitoral de uma região que foi organizada em três sub-regiões, conforme indicado na Tabela 1.1.

**Tabela 1.1** – Representatividade de cada sub-região

| Sub-região | % população em relação a toda a região |
|---|---|
| I | 63% |
| II | 31% |
| III | 6% |

Baseado na representatividade, o instituto considerou pesquisar 1.000 eleitores seguindo a proporção.

**Tabela 1.2** – Eleitores pesquisados por sub-região

| Sub-região | Quantidade de eleitores pesquisados |
|---|---|
| I | 630 |
| II | 310 |
| III | 60 |

Contudo, por critério de validação de uma pesquisa e por custos operacionais, o instituto não consulta menos de 100 eleitores por sub-região. Uma opção de ajustes encontrada foi a indicada a seguir.

**Tabela 1.3** – Eleitores pesquisados por sub-região após ajustes

| Sub-região | Quantidade de eleitores pesquisados após ajustes |
|---|---|
| I | 600 |
| II | 300 |
| III | 100 |

Assim, o instituto considerou a população dos respondentes da pesquisa e, com base nas informações obtidas, simulou a amostra probabilística definida pela representação populacional de cada sub-região. Por outros critérios (viabilidade, credibilidade etc.), a amostra foi feita sem o referencial probabilístico, tornando-se uma amostra não probabilística.

## Exercícios resolvidos

1) O diretor de uma indústria, com um total de 350 funcionários, realizou um experimento com o objetivo de verificar o consumo de água dos funcionários durante o turno de trabalho. Foram selecionados, aleatoriamente, 150 funcionários e foi mensurada a quantidade de litros de água que cada um consumiu no período de 30 dias. Sabe-se, também, que cada funcionário teve a mesma probabilidade de ser incluído na seleção.

   Com base nessas informações, responda:

   **a.** Qual é o tamanho da população?
   **b.** A pesquisa é censitária ou amostral? Justifique.

### Resolução

   **a.** A população tem 350 elementos.
   **b.** É uma pesquisa amostral. A amostra tem o tamanho de 150 elementos.

2) (Consulplan – 2012 – TSE) Para uma população de 10 indivíduos é retirada uma amostra de 3 indivíduos, sem reposição. Assim, o número de amostras possíveis é

   **a.** 80.
   **b.** 120.
   **c.** 240.
   **d.** 720.

### Resolução

Recorrendo à abordagem de análise combinatória trabalhada no ensino médio, observa-se que a amostra de 3 indivíduos formada a partir da população de 10 não considera a ordem/posição entre os escolhidos. Assim, trata-se de agrupamento por combinação simples. Por isso, calcula-se:

$$N = C_{n,p} = \frac{n!}{p!(n-p)!}$$

$$N = C_{10,3} = \frac{10!}{3!(10-3)!}$$

$$N = \frac{10!}{3!7!}$$

$$N = \frac{10 \cdot 9 \cdot 8 \cdot 7!}{3 \cdot 2 \cdot 1 \cdot 7!}$$

$$N = 120$$

3) Uma empresa resolveu fazer um levantamento a respeito da rotina dos funcionários. Por orientação da consultoria terceirizada contratada, a empresa recorreu ao processo de amostragem de funcionários que responderiam algumas perguntas.

Considere as seguintes opções de procedimentos:

I. A empresa usou as respostas dos funcionários que são colegas do diretor, pois ele possui os telefones e e-mails que foram dados à terceirizada.
II. Um dos diretores ficou na porta de entrada da empresa para apontar seus conhecidos ao funcionário da consultoria terceirizada. Este, então, selecionou os funcionários indicados para responder às perguntas.
III. Um encarregado ficou na porta de entrada e selecionou 1 a cada 5 funcionários que chegavam para responder às perguntas.
IV. Em uma lista com os nomes de todos os funcionários colocados aleatoriamente, os 14 primeiros foram escolhidos para responder às perguntas.
V. Com a lista de nomes de todos os funcionários em ordem alfabética numerados a partir de 1, a empresa escolheu 14 números aleatórios. Os funcionários cujos nomes estavam vinculados àqueles números da lista foram os selecionados para responder às perguntas.

Com base nas opções de procedimentos apresentadas, assinale a alternativa que contenha casos de amostragem probabilística:

a. Apenas I e II.
b. Apenas III, IV e V.
c. Apenas I e V.
d. Todas.
e. Nenhuma.

■ Resolução

A resposta correta é a alternativa "b".

I. Nem todos os elementos da população (funcionários) têm a probabilidade diferente de zero de pertencer à amostra. No caso, os funcionários que não são colegas do diretor têm probabilidade zero de pertencer à amostra. Portanto, trata-se de um caso de amostragem não probabilística.

II. Nem todos os elementos da população (funcionários) têm a probabilidade diferente de zero de pertencer à amostra. No caso, os funcionários que não são conhecidos do diretor têm probabilidade zero de pertencer à amostra. Portanto, trata-se de um caso de amostragem não probabilística.

III. Todas as pessoas têm probabilidade conhecida e diferentes de zero de pertencer à amostra. Portanto, trata-se de um caso de amostragem probabilística.

IV. Todas as pessoas têm probabilidade conhecida e diferentes de zero de pertencer à amostra. Portanto, trata-se de um caso de amostragem probabilística.

V. Todas as pessoas têm probabilidade conhecida e diferentes de zero de pertencer à amostra. Portanto, trata-se de um caso de amostragem probabilística.

4) Analise se o processo de amostragem nas situações a seguir constituiu-se em boas escolhas. Justifique.

   a. Para saber qual será o candidato mais votado nas próximas eleições para prefeito de uma cidade, foi escutada a opinião dos clientes de determinado supermercado.
   b. Para conhecer a situação financeira das indústrias do ramo têxtil do país, verificou-se a situação das empresas com maior volume de exportações no último ano.

■ Resolução

   a. A escolha foi ruim. Os clientes do supermercado em questão não representam a população de eleitores da cidade. Seja por localização geográfica do supermercado, seja por classe social de sua clientela e quantidade de respostas diante do tamanho da população, a amostra não é confiável.
   b. A escolha foi ruim. O grupo de indústrias com maior volume de exportações terá um relato positivo da situação financeira e que não representa, necessariamente, as indústrias do ramo como intenciona a pesquisa.

5) A fim de saber a hora em que os alunos de uma escola se deitam para dormir e a hora em que se levantam, foi realizado um estudo do qual participaram 250 alunos entre os 2.580 alunos da escola. Identifique:

   a. a população em estudo.
   b. a amostra escolhida.

Resolução

   a. A população conta com 2.580 alunos.
   b. A amostra tem 250 alunos.

## Para saber mais

Indicamos a seguir um interessante artigo sobre amostragem, com detalhes importantes que valorizam a leitura.

MARTINS, M. E. G. Amostragem (Estatística). **Revista de Ciência Elementar**, v. 3, n. 1, p. 75, mar. 2015. Disponível em: <https://rce.casadasciencias.org/rceapp/pdf/2015/076>. Acesso em: 30 ago. 2023.

## Síntese

Neste capítulo, explicamos que uma pesquisa pode ser feita de forma censitária, em que todos os elementos da população são consultados, ou por amostragem, quando parte da população é consultada, de maneira que as conclusões sobre o pequeno grupo possam representar toda a população.

Conforme demonstramos, quando os respondentes da pesquisa são escolhidos de modo aleatório, em que todos os membros da população têm chance de fazer parte da amostra, ela é classificada como *probabilística*. Quando há direcionamento na escolha ou ausência de informações que definam a população ou a amostra, a pesquisa é classificada como *não probabilística*.

## Questões para revisão

1) Diferencie pesquisa censitária de pesquisa amostral.

2) Diferencie amostra probabilística de amostra não probabilística.

3) Um instituto de pesquisa e opinião recebeu uma indagação de Vinícius, um usuário do *site* do instituto:

> Estou elaborando meu trabalho de conclusão de curso (TCC) e estou com uma dúvida: Qual é a diferença entre uma amostragem probabilística e uma não probabilística?

O consultor do instituto respondeu da seguinte forma:

> Olá, Vinícius
> Uma amostra é probabilística quando todo o universo da pesquisa tem exatamente a mesma chance de ser selecionado para responder ao questionário.

O que é possível afirmar sobre a resposta dada pelo consultor?

a. A resposta do consultor está correta, pois definiu corretamente a amostra probabilística.
b. A resposta do consultor está incorreta, pois a amostra probabilística não é exatamente o que ele afirmou.
c. A resposta do consultor está incorreta, pois a definição utilizada refere-se à amostra não probabilística.
d. A resposta do consultor está incorreta, pois definiu corretamente a amostra probabilística.
e. Não é possível avaliar se a resposta do consultor está correta ou incorreta, pois são necessários mais dados para análise.

4) Para quantificar o aproveitamento de seus alunos das turmas da 3ª série do ensino médio e, assim, prospectar os resultados nos vestibulares, uma escola pediu a dois professores que fizessem dois levantamentos distintos:

- Professor 1: listar todas as notas de todos os alunos de todas as turmas em uma planilha eletrônica e calcular a média aritmética.
- Professor 2: usar a lista montada pelo Professor 1, selecionar de modo aleatório uma quantidade referente a 10% do total de alunos e calcular a média aritmética entre as notas dos selecionados.

Sobre os dois levantamentos, é correto afirmar que:

a. o Professor 1 fez um levantamento por amostragem.
b. o Professor 2 fez um levantamento censitário.
c. o Professor 2 fez um levantamento por amostragem probabilística.

- **d.** o Professor 2 fez um levantamento por amostragem não probabilística.
- **e.** a única forma de a escola ter um resultado confiável é pelo levantamento feito pelo Professor 1.

5) Sobre os tipos de amostragem, é correto afirmar que:
   a) a amostragem probabilística não permite a quantificação da margem de erro.
   b) a amostragem probabilística utiliza 100% da população.
   c) a amostragem probabilística permite a quantificação da margem de erro.
   d) a amostragem não probabilística utiliza 100% da população.
   e) a amostragem não probabilística permite a quantificação da margem de erro.

## Questão para reflexão

1) Uma pesquisa educacional procura determinar a eficácia de um novo método de alfabetização de adultos. Terminado o período de ensino, o rendimento é medido com base nos resultados obtidos pelos alunos na leitura de um texto.

   - **a.** Descreva a população de interesse.
   - **b.** Deve-se usar amostragem nesse caso? Por quê?

## Conteúdos do capítulo:
- Amostragem aleatória simples (AAS).
- Amostragem estratificada (AE).
- Amostragem por agrupamento (*clusters*) ou por conglomerados.
- Amostragem sistemática (AS).
- Diferenças entre erro amostral e erro não amostral.
- Teoria unificada de amostragem: população, amostragem e planejamento amostral.
- Parâmetros.
- Estatísticas.
- Estimadores.
- Erro quadrático médio (EQM).

## Após o estudo deste capítulo, você será capaz de:
1. indicar os tipos de amostragem probabilística;
2. diferenciar erro amostral de erro não amostral;
3. explicar a teoria unificada da amostragem;
4. trabalhar com parâmetros e erros.

# 2
# Critérios para elaboração de um delineamento amostral

Neste capítulo, abordaremos os conceitos envolvidos na montagem de uma amostragem probabilística, bem como os tipos de amostragem e suas indicações de aplicação. Além disso, trataremos de parâmetros e de erros.

## O que é?

**Delineamento amostral** é o processo de idealizar e praticar um experimento de modo que os dados obtidos sejam analisados com métodos estatísticos apropriados e, assim, gerem conclusões válidas e relevantes.

A figura a seguir indica as etapas concernentes a qualquer projeto, inclusive ao plano de ação de amostragem em uma pesquisa. A visão e a missão para as quais a pesquisa foi encomendada, as estratégias e a definição do plano de ação são alicerces que materializam a amostragem.

**Figura 2.1** – Delineamento amostral

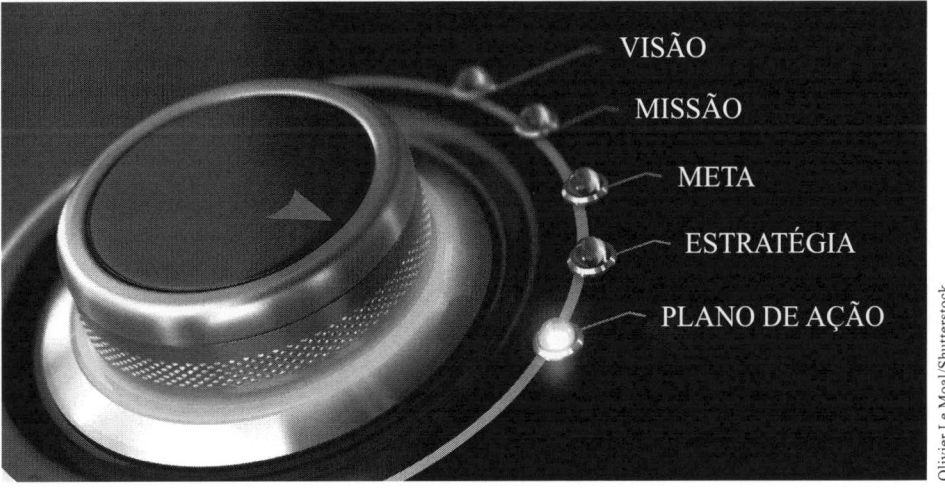

Por meio do delineamento, é possível estimar o erro experimental, obter informações sobre o melhor procedimento para experimentos significativos e contribuir para o aumento da precisão dos experimentos.

Definir os objetivos do delineamento e determinar o melhor processo de amostragem são os passos iniciais e exigem muita atenção e precisão por parte dos responsáveis. Informações concretas e bom conhecimento da área (fauna, economia, sistemas virtuais, entre outros) são de fundamental importância para traçar os objetivos e determinar o processo de amostragem para o delineamento que será feito.

## 2.1 Tipos de amostras probabilísticas

A necessidade de diminuir os desvios de amostragem, aumentando sua precisão, e de ampliar a diversidade da população são os principais motivos que levam à escolha por uma amostra probabilística. O baixo custo, a simplicidade e a rapidez favorecem a utilização dessa amostragem.

### 2.1.1 Amostragem aleatória simples (AAS)

A amostragem aleatória simples (AAS) é feita de maneira completamente aleatória. Os indivíduos da população são numerados e, em seguida, escolhidos por meio de sorteio automatizado (aleatório). Os números escolhidos serão os membros da amostra.

**Exemplo 2.1**

Um turista, ao elaborar o orçamento de sua viagem de férias, pesquisou um hotel padrão três estrelas em uma capital. Descobriu que havia mais de 100 opções que obedeciam aos critérios definidos para o local de sua hospedagem. Como a diferença era apenas referente ao valor da diária, decidiu numerar as opções com os respectivos valores e utilizar, a título de orçamento, o que seria o valor médio das diárias com base em uma amostra de 10 opções, indicadas a seguir:

Opção 01: R$ 120,00
Opção 02: R$ 118,20
Opção 03: R$ 108,00
(...)
Opção 100: R$ 114,30
Opção 101: R$ 115,80
(...)
Opção 110: R$ 130,90
Opção 111: R$ 116,20
Opção 112: R$ 110,40

A amostra escolhida foi sorteada e montada da seguinte forma:

Opção 01: R$ 120,00
Opção 02: R$ 118,20
Opção 03: R$ 108,00
Opção 24: R$ 119,80
Opção 75: R$ 108,00
Opção 100: R$ 114,30
Opção 101: R$ 115,80
Opção 110: R$ 130,90
Opção 111: R$ 116,20
Opção 112: R$ 110,40

Tendo em vista o orçamento, considerou-se, então, que a diária do hotel naquela capital seria de:

$$\frac{120,00 + 118,20 + 108,00 + 119,80 + 108 + 114,30 + 115,80 + 130,90 + 116,20 + 110,40}{10} = R\$\ 116,16$$

## 2.1.2 Amostragem estratificada (AE)

A amostragem estratificada (AE) é feita ao se dividir a população em dois ou mais grupos disjuntos, ou seja, que não têm elementos em comum. Para compor uma AE, pode-se dividir a população, por exemplo, por faixas etárias, faixas salariais, gênero etc. Após a formação dos grupos, a amostragem aleatória simples (AAS) é utilizada para escolher os membros da amostra, garantindo que haverá representantes de todos os grupos disjuntos inicialmente formados.

Exemplo 2.2

O Gráfico 2.1 mostra a proporção entre homens e mulheres residentes no Brasil de acordo com a idade. É possível perceber que, até os 24 anos de idade, a estimativa dos homens é maior. A partir dos 25 anos de idade, a proporção das mulheres supera a dos homens.

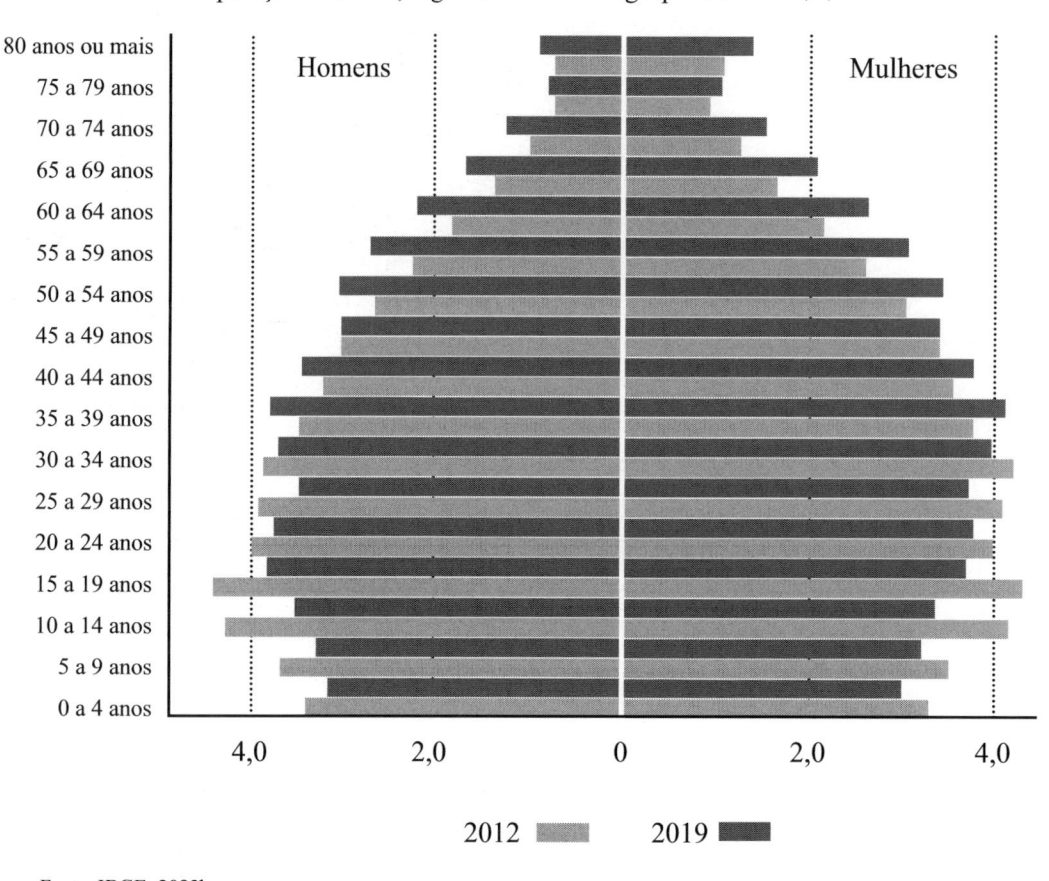

**Gráfico 2.1** – População residente, segundo o sexo e os grupos de idade (%)

[Gráfico: pirâmide etária com faixas de 0 a 4 anos até 80 anos ou mais, comparando Homens (esquerda) e Mulheres (direita), nos anos 2012 e 2019. Eixo horizontal: 4,0 — 2,0 — 0 — 2,0 — 4,0.]

Fonte: IBGE, 2023b.

No Gráfico 2.1, podemos observar um gráfico de barras que mostra o percentual de homens (do centro para a esquerda) e mulheres (do centro para a direita) residentes no Brasil de acordo com a faixa etária. As faixas citadas são: 0 a 4 anos; 5 a 9 anos; 10 a 14 anos; 15 a 19 anos; 20 a 24 anos; 25 a 29 anos; 30 a 34 anos; 35 a 39 anos; 40 a 44 anos; 45 a 49 anos; 50 a 54 anos; 55 a 59 anos; 60 a 64 anos; 65 a 69 anos; 70 a 74 anos; 75 a 79 anos; e 80 anos ou mais.

## 2.1.3 Amostragem por agrupamento (*clusters*) ou por conglomerados

A amostragem por agrupamento (*clusters*) ou por conglomerados é utilizada quando a população ocupa um espaço geográfico muito grande, dificultando a coleta de dados ou elevando consideravelmente os custos da pesquisa. Dessa maneira, divide-se, por um critério aleatório, o espaço da população em espaços menores e escolhem-se, aleatoriamente, elementos desses espaços.

### Exemplo 2.3

Em uma pesquisa eleitoral no Estado do Amapá (Eleições Gerais de 2022), de 26 de março a 3 de abril de 2022, foram entrevistadas 1.100 pessoas, a um custo de R$ 15.180,00. A metodologia de pesquisa foi descrita como sendo do tipo qualitativa nos 5 (cinco) maiores municípios do Estado do Amapá em número de eleitores, com aplicação de questionário estruturado, abordagem pessoal em ponto de fluxo populacional e domiciliar. O conjunto da população eleitoral dos municípios com 16 anos ou mais foi tomado como universo da pesquisa (Brasil, 2023).

A pesquisa foi feita considerando-se eleitores de cinco municípios do estado (que representam um alto percentual de eleitores em relação ao estado inteiro). São conglomerados (*clusters*) que terão elementos escolhidos de forma aleatória para comporem a amostra.

### 2.1.4 Amostragem sistemática (AS)

Na amostragem sistemática (AS), a amostra é montada com elementos que obedecem a algum tipo de classificação e/ou ranqueamento previamente estabelecidos. Uma pesquisa com os cinco melhores alunos de cada turma do ensino médio de uma rede de escolas, por exemplo, é a montagem de uma AS. Numerar os 1.000 elementos de uma população e montar a amostra com os elementos cujo número de referência é um múltiplo de 3: $\{3, 6, 9, 12, \ldots, 993, 996, 999\}$ é outra situação de montagem de uma AS.

A AS é recomendada quando a AAS pode danificar o resultado encontrado. Se uma rede de escolas de ensino médio pretende saber a opinião dos alunos a respeito do trabalho desenvolvido pela sua equipe de professores, fazer uma AAS pode resultar em opiniões de alunos descomprometidos com os estudos e, dessa maneira, as críticas à equipe podem ser irrelevantes. Escolhendo-se os cinco melhores alunos de cada turma, a amostra seria composta pelos elementos que representam os alunos comprometidos com os estudos e, consequentemente, as críticas e os apontamentos realizados poderão ser analisados com maior credibilidade.

## 2.2 Erro amostral *versus* erro não amostral

Em estatística, não é possível tratar como sinônimos os conceitos de *erro* e *falha* ou *invalidação* de uma pesquisa. O erro, em estatística, precisa ser inicialmente considerado como fonte de informação tanto quanto as respostas encontradas na mesma pesquisa. Obviamente, quanto menor for o erro, mais confiável será o resultado encontrado na pesquisa, embora não se devam esperar pesquisas com "erro zero". Assim, é importante conhecer o erro, interpretá-lo como mais uma fonte de informação e, se for o caso, desconsiderar a pesquisa feita, no caso de se tratar de um erro que a invalida.

### 2.2.1 Erro amostral

Também chamado de *erro de amostragem*, o erro amostral acontece pela variação na representatividade da amostra escolhida. Quando a amostragem é ruim, o erro amostral é detectado e, por vezes, a pesquisa precisa ser refeita desde a escolha da amostra. Realizar pesquisas eleitorais cuja amostra apresenta elementos exclusivos de "guetos" de um ou outro candidato gera erro amostral, fazendo a pesquisa perder sua credibilidade, por exemplo. Alguns pontos de cuidado a serem observados para evitar o erro amostral são:

1. método adequado de amostragem (aleatória, estratificada, por conglomerados ou sistemática);
2. tamanho ideal de amostragem;
3. maior quantidade de contatos (perguntas "repetitivas" ou "contraditórias") de modo que o cruzamento das respostas aumente a representatividade da amostra.

### 2.2.2 Erro não amostral

O erro não amostral acontece quando as respostas obtidas (valores, classificações, entre outras) são diferentes dos dados reais, e ele pode ocorrer pelos mais variados motivos. A detecção do erro não amostral é dificultada pela sua aleatoriedade e não há prevenção segura contra ele. O erro não amostral pode ser a causa da invalidação de toda uma pesquisa, mesmo tendo sido detectado no fim dela.

Algumas situações de erro não amostral são: erro de especificação da população (Exemplo 2.4); *frame error* (erro de quadro) – causado por lançamento equivocado de dados, tanto em valores quanto em coletas (Exemplo 2.5); erro de seleção (Exemplo 2.6); e não resposta (Exemplo 2.7).

Veremos cada um desses tipos de situação nos exemplos apresentados a seguir.

#### Exemplo 2.4

Em uma pesquisa sobre o consumo de cereais no café da manhã, quem será o alvo da pesquisa? É necessário especificar de modo preciso se o alvo será o responsável pelas compras da família; se serão as crianças, que são os principais consumidores do produto; ou se serão os adultos que têm ou não uma alimentação saudável, por exemplo.

### Exemplo 2.5
Em 1836, uma pesquisa eleitoral dos Estados Unidos, referente às candidaturas de Roosevelt e Landon, foi realizada com amostragem composta por quem possuía carro e telefone. Na época, a maioria da amostra ficou composta por republicanos (dado desconhecido dos pesquisadores até então), criando um *frame error* na coleta (dados equivocados). Assim, o relatório previu vitória republicana, mas o resultado foi a eleição do democrata (Lucinschi, 2012; Bortolossi, 2015).

### Exemplo 2.6
Pesquisas feitas em perfis de redes sociais são exemplos de erro de seleção, uma vez que a resposta poderá ser dada apenas por aqueles que seguem o perfil e que, eventualmente, se disponham a participar.

### Exemplo 2.7
A pesquisa de mercado realizada antes do lançamento de um novo produto e com quem já é consumidor de outros produtos da empresa é um exemplo de não resposta. As respostas obtidas representam quem já consome produtos da empresa e não haverá respostas (não resposta) de quem ainda não é consumidor e poderia vir a ser.

## 2.3 Teoria unificada de amostragem: ideias básicas

Nesta seção, a intenção é formalizar e equacionar conceitos, termos e elementos apresentados até aqui sobre as amostragens. Assim, veremos mais algumas informações sobre população, amostragem e planejamento amostral.

### 2.3.1 População

Também chamada de *universo*, a população é o conjunto $\Omega$ que contém todos os elementos de interesse. É dentro de $\Omega$ que serão escolhidos os elementos da amostra. O conjunto é indicado por $\Omega = \{1, 2, 3, ..., N\}$, em que N é o tamanho da população.

**Elemento populacional** é a nomenclatura usada para qualquer elemento $i \in \Omega$, também denominado *unidade elementar*. A **característica de interesse** é usada para indicar a variável de informações vinculada a cada elemento da população. É representada por $Y_i$, de modo que $i \in \Omega$.

Já o **parâmetro populacional** é a nomenclatura utilizada para indicar o vetor correspondente a todos os valores de uma variável de interesse. Sua representação é $D = (Y_1, Y_2, Y_3, ..., Y_N)$. Por fim, a **função paramétrica da população** corresponde à característica numérica da população, ou seja, uma expressão numérica (função) que representa $Y_i$ para todos os seus valores. Sua representação é $\theta(D)$.

## Exemplo 2.8
Considere o levantamento de dados feito com três famílias: $\Omega = \{1, 2, 3\}$.

**Tabela 2.1** – Dados das famílias

| Variável | Valores | | | Notação |
|---|---|---|---|---|
| Unidade | 1 | 2 | 3 | i |
| Responsável | José | Marcos | Madalena | $A_i$ |
| Sexo | 1 | 1 | 0 | $X_i$ |
| Idade | 30 | 50 | 40 | $Y_i$ |
| Fumante | 0 | 1 | 1 | $G_i$ |
| Renda familiar bruta (salários mínimos – SM) | 22 | 40 | 28 | $F_i$ |
| Número de trabalhadores | 1 | 3 | 2 | $T_i$ |

**Legenda: Sexo**: feminino – 0; masculino – 1. **Fumante**: sim – 0; não – 1.

Vejamos a seguir os parâmetros populacionais que devem ser considerados. A idade é representada por: $D = (30, 40, 50)$.

O vetor $(F_i, T_i)$ corresponde à renda familiar (F) para a quantidade de trabalhadores (T) de cada família (i). Assim, temos:

$$D = \begin{pmatrix} 22 & 40 & 28 \\ 1 & 3 & 2 \end{pmatrix}$$

Dessa forma, as funções paramétricas populacionais podem ser calculadas.

A idade média pode ser calculada por:

$$\theta(Y) = \frac{Y_1 + Y_2 + Y_3}{3}$$

$$\theta(F) = \frac{30 + 50 + 40}{3}$$

$$\theta(Y) = 40 \text{ anos}$$

Para a renda média por trabalhador, temos:

$$\theta(F) = \frac{F_1 + F_2 + F_1}{3}$$

$$\theta(F) = \frac{22 + 40 + 28}{3}$$

$$\theta(F) = 30 \text{ SM}$$

Assim, a relação entre renda média e número de trabalhadores fica:

$$\theta(F,T) = \begin{pmatrix} \theta(F) \\ \theta(T) \end{pmatrix}$$

$$\theta(F,T) = \begin{pmatrix} \dfrac{22+40+28}{3} \\ \dfrac{1+3+2}{3} \end{pmatrix}$$

$$\theta(F,T) = \begin{pmatrix} 30 \\ 2 \end{pmatrix}$$

Ainda com relação à população, algo que poderia ser considerado é a escolha de uma das variáveis de interesse e a quantificação dos respectivos parâmetros populacionais. Os principais são total populacional, média populacional e variância populacional.

O total populacional seria calculado por:

$$\theta(D) = \theta(Y) = \tau = \sum_{i=1}^{N} Y_i$$

Já a média populacional seria fornecida ao se aplicar a seguinte relação:

$$\theta(D) = \theta(Y) = \mu = \overline{Y} = \frac{1}{N} \cdot \sum_{i=1}^{N} Y_i$$

A variância populacional poderia ser obtida por:

$$\theta(D) = \theta(Y) = \sigma^2 = \frac{1}{N} \cdot \sum_{i=1}^{N} (Y_i - \mu)^2$$

É possível ainda trabalhar com mais de uma variável de interesse e definir alguns parâmetros populacionais, como correlação populacional, razão populacional e razão média populacional. Assim, a correlação populacional seria obtida por:

$$\theta(D) = \rho_{xy} = \frac{\sigma_{xy}}{\sigma_x \cdot \sigma_y}$$

Já a razão populacional seria obtida por:

$$\theta(D) = \frac{\tau_x}{\tau_y} = \frac{\mu_x}{\mu_y}$$

A razão média populacional, por sua vez, seria definida por:

$$\theta(D) = \frac{1}{N} \cdot \sum_{i=1}^{N} \frac{y_i}{x_i}$$

### 2.3.2 Amostragem

Na teoria unificada de amostragem, além do trabalho com a população, há o trabalho feito com a amostra e seus parâmetros, calculados por relações e fórmulas.

#### Amostra ordenada

Uma sequência qualquer de $n$ unidades de $\Omega$ é denominada *amostra ordenada de $\Omega$* e representada por $s = (k_1, k_2, k_3, ..., k_n)$, em que $k_i \in \Omega$.

#### Exemplo 2.9

Considerando-se $\Omega = \{a, b, c\}$, os vetores $s_1 = (a, b)$, $s_2 = (b, c)$ e $s_3 = (a, a, b)$ são exemplos de amostras ordenadas de $\Omega$.

#### Presença e frequência de $k_i$

A presença de uma unidade amostral $k_i$ é representada por $\delta_i(s)$ e assume os seguintes valores:

$$\begin{cases} \delta_i(s) = 1; & \text{se } K_i \in s \\ \delta_i(s) = 0; & \text{se } K_i \notin s \end{cases}$$

A frequência de uma unidade amostral $k_i$ é representada por $f_i(s)$ e representa a quantidade de vezes que a unidade aparece na amostra ordenada $s$. No Exemplo 2.9, temos o seguinte:

$$s_1 = (a, b) \rightarrow k_1 = a \rightarrow f_1(s_1) = 1$$

$$s_3 = (a, a, b) \rightarrow k_1 = a \rightarrow f_1(s_3) = 2$$

#### Tamanho da amostra $s$ e tamanho efetivo da amostra $s$

O tamanho da amostra $s$ é representado por $n(s)$ e calculado por $n(s) = \sum_{i=1}^{N} f_i(s)$, que é o total de elementos na amostra.

O tamanho efetivo da amostra $s$ é representado por $\upsilon(s)$ e calculado por $v(s) = \sum_{i=1}^{n} \delta_i(s)$, que é o total de elementos distintos na amostra.

### Conjunto das amostras S(Ω)

O conjunto de todas as amostras ordenadas de $\Omega$ é representado por S($\Omega$), de modo que $S_n(\Omega)$ é a subclasse com todas as amostras de tamanho $n$. Partindo do Exemplo 2.9, temos:

$\Omega = \{a, b, c\}$

$S(\Omega) = \{(a), (b), (c), (a,b), ..., (a,a,b), ...\}$

$S_2(\Omega) = \{(a,a); (a,b); (a,c); (b,a); (b,b); (b,c); (c,a); (c,b); (c,c)\}$

### 2.3.3 Planejamento amostral

Com as amostras definidas, a probabilidade de cada uma delas ser utilizada é um fator relevante na definição do chamado *planejamento amostral*.

### Planejamento amostral ordenado

Considerando a probabilidade P(s) de a amostra $s \subset S(\Omega)$ ser utilizada, temos que $\sum P(s) = 1$.

Partindo do Exemplo 2.9, podemos concluir que em $S_2(\Omega) = \{(a,a); (a,b); (a,c); (b,a); (b,b); (b,c); (c,a); (c,b); (c,c)\}$ há alguns planos, conforme veremos a seguir.

O Plano 1 refere-se às amostras de tamanho n = 2. Assim, teremos:

$P(a,a) = P(a,b) = P(a,c) = \dfrac{1}{9}$

$P(b,a) = P(b,b) = P(b,c) = \dfrac{1}{9}$

$P(c,a) = P(c,b) = P(c,c) = \dfrac{1}{9}$

E P(s) = 0 para as demais amostras, de modo que:

$\sum P(s) = P(a,a) + P(a,b) + P(a,c) + P(b,a) + P(b,b) + P(c,b) + P(c,a) + P(c,b) + P(c,c) + ...$

$\sum P(s) = \dfrac{1}{9} + \dfrac{1}{9} + \dfrac{1}{9} + \dfrac{1}{9} + \dfrac{1}{9} + \dfrac{1}{9} + \dfrac{1}{9} + \dfrac{1}{9} + \dfrac{1}{9} + 0 + 0...$

$\sum P(s) = 1$

O Plano 2 refere-se às amostras de tamanho n = 2 com elementos distintos. Assim, teremos:

$P(a,b) = P(a,c) = \dfrac{1}{6}$

$P(b,a) = P(b,c) = \dfrac{1}{6}$

$P(c,a) = P(c,c) = \dfrac{1}{6}$

E P(s) = 0 para as demais amostras, de modo que:

$$\sum P(s) = P(a,a) + P(a,c) + P(b,a) + P(b,c) + P(c,a) + P(c,b) + (\ldots)$$

$$\sum P(s) = \frac{1}{6} + \frac{1}{6} + \frac{1}{6} + \frac{1}{6} + \frac{1}{6} + \frac{1}{6} + 0 + 0\ldots$$

$$\sum P(s) = 1$$

O Plano 3 trata das amostras de tamanho n ≤ 2. Dessa maneira, teremos:

$$P(a) = P(b) = P(c) = \frac{1}{12}$$

$$P(a,a) = P(a,b) = P(a,c) = \frac{1}{12}$$

$$P(b,a) = P(b,b) = P(b,c) = \frac{1}{12}$$

$$P(c,a) = P(c,b) = P(c,c) = \frac{1}{12}$$

E P(s) = 0 para as demais amostras.

O Plano 4 refere-se às amostras com "outro critério". Ou seja:

$$P(b) = \frac{1}{3}$$

$$P(a,b) = P(c,b) = \frac{1}{9}$$

$$P(a,a,b) = P(a,c,b) = P(c,c,b) = P(c,a,b) = \frac{1}{27}$$

$$P(a,a,a) = P(a,a,c) = P(a,c,a) = P(c,a,a) = \frac{1}{27}$$

$$P(a,c,c) = P(c,a,c) = P(c,c,a) = P(c,c,c) = \frac{1}{27}$$

E P(s) = 0 para as demais amostras.

São infinitas as possibilidades de planejamentos amostrais e, quanto maior a amostra, mais difícil fica descrever as probabilidades associadas. Assim, são usadas descrições para caracterizar as associações.

Ainda com base no Exemplo 2.9, podemos avaliar a seguinte situação: no Plano 5, referente a amostras do tamanho n = 2, o primeiro elemento sorteado não é reposto para o 2º sorteio. Desse modo, para definir a probabilidade de a amostra s = (a, b) ser sorteada, temos:

P(a,b) = P(a no 1º sorteio) · P(b no 2º sorteio | a no 1º sorteio)

$P(a,b) = \dfrac{1}{3} \cdot \dfrac{1}{2}$

$P(a,b) = \dfrac{1}{6}$

## 2.4 Parâmetros, estatísticas, estimadores e erro quadrático médio

Fazem parte do delineamento amostral o cálculo e a representação por elementos algébricos e matemáticos de características da amostra: parâmetros, estatísticas, estimadores e erro quadrático médio (EQM). Veremos cada um deles a seguir.

### 2.4.1 Parâmetros

Como trabalhado nas ideias básicas da teoria unificada da amostragem, os principais parâmetros considerados em uma amostragem são:

- Total populacional: $\theta(D) = \theta(Y) = \tau = \sum_{i=1}^{N} Y_i$

- Média populacional: $\theta(D) = \theta(Y) = \mu = \overline{Y} = \dfrac{1}{N} \cdot \sum_{i=1}^{N} Y_i$

- Variância populacional: $\theta(D) = \theta(Y) = \sigma^2 = \dfrac{1}{N} \cdot \sum_{i=1}^{N} (Y_i - \mu)^2$

- Correlação populacional: $\theta(D) = \rho_{xy} = \dfrac{\sigma_{xy}}{\sigma_x \cdot \sigma_y}$

- Razão populacional: $\theta(D) = \dfrac{\tau_x}{\tau_y} = \dfrac{\mu_x}{\mu_y}$

- Razão média populacional: $\theta(D) = \dfrac{1}{N} \cdot \sum_{i=1}^{N} \dfrac{y_i}{x_i}$

## 2.4.2 Estatísticas

Quando uma amostra *s* tem seus dados correspondidos por uma característica numérica, isso se chama *estatística*, representada pela função h($d_s$).

Voltando ao Exemplo 2.8, temos que a amostra s = (1, 2) gera para o vetor ($F_i$, $T_i$) a matriz de dados

$$d_s = \begin{pmatrix} 22 & 40 \\ 1 & 3 \end{pmatrix}.$$

Com essas informações, é possível calcular os parâmetros da amostra, como médias e razão. Como demonstraremos a seguir, as médias podem ser calculadas do seguinte modo:

$$\bar{f} = \frac{22 + 40}{2} \rightarrow \bar{f} = 31$$

$$\bar{t} = \frac{1 + 3}{2} \rightarrow \bar{t} = 2$$

Já a razão pode ser calculada da seguinte maneira:

$$\bar{r} = \frac{22 + 40}{1 + 3} \rightarrow \bar{r} = 15,5$$

## 2.4.3 Estimadores

Os parâmetros populacionais a serem avaliados dependem de cada distribuição amostral. Por vezes, alguns deles são desconhecidos e é necessário definir os estimadores, cujos valores numéricos são chamados de *estimativa*, para então conseguir quantificar os parâmetros.

Quanto aos símbolos, para estimar o parâmetro θ(D), utilizam-se estatísticas dos dados $d_s$ para encontrar o estimador $\widehat{\theta}_1(d_s)$.

## 2.4.3 Erro quadrático médio (EQM)

O principal objetivo do EQM é encontrar a diferença média entre um valor e seu parâmetro inicial. Resume-se seu objetivo como simplesmente compreender (quantificar) um "erro de previsão".

As principais qualidades procuradas em uma amostragem são pequenos vieses (vícios) e pequenas variâncias. A estimativa é a ferramenta utilizada para quantificar essas qualidades.

Quando um estimador $\widehat{\theta}_1(d_s)$ é considerado não viciado (sem vieses) em determinado plano amostral X, temos que $EX[\widehat{\theta}_1(d_s)] = \theta(D)$, ou simplesmente $EX[\widehat{\theta}_1] = \theta$.

Quando um estimador $\widehat{\theta}_1(d_s)$ é considerado viciado em certo plano amostral X, temos que o valor que representa o viés é $BX[\widehat{\theta}_1] = E_X[\widehat{\theta}_1 - \theta]^2 = E_X[\widehat{\theta}_1] - \theta$.

Nesse caso, o EQM é calculado por $EQM_X[\widehat{\theta}_1] = E_X[\widehat{\theta}_1 - \theta]^2$, o que permite concluir a relação $EQM_X[\widehat{\theta}_1] = \sigma_X^2[\widehat{\theta}_1] + \{B_X[\widehat{\theta}_1 - \theta]\}^2$.

## Exercícios resolvidos

1) Ana Maria precisou levar seu eletrodoméstico para a manutenção. Ao procurar uma loja de assistência autorizada, descobriu que havia mais de 30 opções em sua cidade. Como a diferença era apenas referente à taxa de orçamento, decidiu numerar as opções com os respectivos valores e utilizar o que seria o valor médio das diárias com base em uma amostra de 5 opções. Determine a taxa de orçamento que Ana Maria resolveu considerar para a manutenção de seu eletrodoméstico.

## Resolução

Opção 01: R$ 12,00

Opção 02: R$ 11,82

Opção 03: R$ 10,80

(…)

Opção 10: R$ 11,40

Opção 11: R$ 11,58

(…)

Opção 30: R$ 13,09

Opção 31: R$ 11,62

Opção 32: R$ 11,04

A amostra escolhida foi sorteada e montada da seguinte forma:

Opção 01: R$ 12,00

Opção 03: R$ 10,80

Opção 10: R$ 11,40

Opção 24: R$ 11,98

Opção 3l: R$ 11,04

Tendo em vista as opções, Ana Maria considerou, então, que a taxa de orçamento que iria pagar seria:

$$\frac{12,00+10,80+11,40+11,98+11,04}{5} = R\$11,44$$

2) De um cadastro de 40.000 famílias será construída uma amostra aleatória com 3.000 delas. Qual seria um possível procedimento a ser aplicado?

■ Resolução

É possível numerar as 40.000 famílias cadastradas de 00001 a 40000 e, aleatoriamente, escolher 3.000 desses números.

## Para saber mais

O livro *Introdução ao delineamento de experimentos*, escrito por Álvaro Calegare, é uma ótima leitura que apresenta abordagens práticas de aplicações organizacionais que otimizaram os mais diversos setores das empresas. Vale a pena a leitura dessa obra.

CALEGARE, A. J. de. **Introdução ao delineamento de experimentos**. 2. ed. rev. e atual. São Paulo: Blücher, 2009.

### Síntese

Neste capítulo, demonstramos que o planejamento amostral passa pela definição de seus parâmetros e dos respectivos valores e que o desconhecimento numérico de alguns deles permite o cálculo da estimativa e a consequente quantificação do desconhecido.

Também salientamos que o processo de quantificação abre a possibilidade de erros que precisam ser considerados na análise da amostragem para futuras tomadas de decisão e as consequentes conclusões a respeito do objetivo da pesquisa.

Além disso, esclarecemos que os parâmetros e seus valores, assim como os tipos de erros e seus valores, caracterizam a amostragem e compõem, juntos, o processo de delineamento amostral.

## Questões para revisão

1) Diferencie erro amostral de erro não amostral.

2) Descreva a importância e/ou o objetivo do erro quadrático médio (EQM).

3) (Enade – 2019 – Estatística) Leia:

Uma bióloga realizou um experimento com uma espécie de besouros que atacam plantações de algodão. Ela coletou 10 espécimes desse besouro e os deixou expostos a uma determinada concentração de inseticida natural. Depois de uma hora, a bióloga verificou que 9 besouros estavam mortos.

A pesquisadora encontrou, na literatura, dois estimadores para a proporção de besouros que morrem após uma hora de exposição ao inseticida:

- $\hat{p}_1$ é a proporção amostral de besouros mortos; e

- $\hat{p}_2 = 1$, se o primeiro besouro estava morto; e $\hat{p}_2 = 0$, caso contrário.

Os estimadores $\hat{p}_1$ e $\hat{p}_2$ de p são:

a. não viciado, e o erro quadrático médio de $\hat{p}_1$ é menor do que o erro quadrático médio de $\hat{p}_2$.
b. não viciado, e seus erros quadráticos médios são iguais.
c. não viciados, e o erro quadrático médio de $\hat{p}_1$ é maior do que o erro quadrático médio de $\hat{p}_2$.
d. respectivamente, não viciado e viciado, e seus erros quadráticos médios são iguais.
e. respectivamente, viciado e não viciado, e o erro quadrático médio de $\hat{p}_1$ é menor do que o erro quadrático médio de $\hat{p}_2$.

4) (Enade – 2019 – Estatística) Um Estatístico está construindo um modelo para previsão de risco de crédito para um banco. Esse modelo será utilizado para conceder ou negar crédito a um cliente correntista. A base de dados históricos da carteira de clientes revelou que 40.000 contratos foram pagos em dia ou com atraso de até 30 dias (adimplentes) e 10.000 contratos tiveram atraso superior a 30 dias (inadimplentes).

Por questões de custo de computação, o Estatístico poderá trabalhar somente com 5.000 contratos. Assim, ele considera todos os 50.000 contratos como a população-alvo. Os contratos estão numerados sequencialmente de 1 a 50.000, sendo que os primeiros 40.000 correspondem aos adimplentes. Ele quer estimar a média da idade do financiado. Da experiência prévia, ele sabe que os inadimplentes são, em geral, mais jovens do que os adimplentes.

Com o objetivo de reduzir o erro-padrão do estimador da média da idade do financiado, o procedimento adequado para selecionar a amostra é

**a.** i) Sorteie 5.000 números inteiros de 1 a 50.000, via amostragem aleatória simples com reposição.

ii) Tome como amostra os contratos correspondentes aos números sorteados.

**b.** i) Sorteie 5.000 números inteiros de 1 a 50.000, via amostragem aleatória simples sem reposição.

ii) Tome como amostra os contratos correspondentes aos números sorteados.

**c.** i) Sorteie um número inteiro entre 1 e 10.

ii) A partir do número sorteado, selecione os contratos com intervalo sequencial de 10 em 10, até completar 5.000 contratos selecionados.

**d.** i) Sorteie 2.500 números inteiros de 1 a 40.000 e outros 2.500 números de 40.001 a 50.000, via amostragem aleatória simples sem reposição.

ii) Tome como amostra os contratos correspondentes aos números sorteados.

**e.** i) Sorteie 4.000 números inteiros de 1 a 40.000 e outros 1.000 números inteiros de 40.001 a 50.000, via amostragem aleatória simples sem reposição.

ii) Tome como amostra os contratos correspondentes aos números sorteados.

5) (FGV – 2020 – Sefaz-RJ) A respeito das técnicas de amostragem probabilística, NÃO é correto afirmar que

**a.** na amostragem por conglomerado, a população é dividida em diferentes grupos, extraindo-se uma amostra apenas dos conglomerados selecionados.
**b.** na amostragem estratificada, se a população pode ser dividida em subgrupos que consistem em indivíduos bastante semelhantes entre si, pode-se obter uma amostra aleatória em cada grupo.
**c.** na amostragem aleatória simples, se sorteia um elemento da população, sendo que todos os elementos têm a mesma probabilidade de serem selecionados.
**d.** na amostragem por voluntários, a população é selecionada de forma a estratificar aleatoriamente os grupos selecionados.
**e.** na amostragem sistemática, os elementos da população se apresentam ordenados, e a retirada dos elementos é feita periodicamente.

## Questão para reflexão

1) Qual é a principal influência nos resultados quando se compara a amostragem aleatória simples sem repetição com a amostragem aleatória simples com repetição?

## Conteúdos do capítulo:

- Amostragem aleatória simples com reposição (AASc).
- Amostragem aleatória simples sem reposição (AASs).
- Descrição do plano amostral: com e sem reposição.
- Estimadores da média, do total e de uma proporção populacional.
- Estimador da variância populacional, erro-padrão dos estimadores e intervalo de confiança (IC).
- Comparação entre AASc e AASs pela variância dos estimadores.

## Após o estudo deste capítulo, você será capaz de:

1. diferenciar a amostragem aleatória simples (AAS) com e sem reposição;
2. trabalhar com o plano amostral da AAS;
3. utilizar os estimadores de média e variância em uma AAS;
4. trabalhar com o erro em uma AAS.

# 3
# Amostragem aleatória simples

Neste capítulo, trabalharemos com a identificação dos casos para os quais a melhor amostragem é a aleatória simples e verificaremos como são calculados todos os parâmetros, assim como os respectivos significados.

A amostragem aleatória simples (AAS) é o mais importante método para a definição de uma amostra, pois pode ser aplicado tanto na própria AAS quanto em outros métodos.

A Figura 3.1 ilustra uma situação hipotética de uma população que se divide em dois grupos (cores) em relação a algum critério de classificação. A AAS consiste em escolher alguns elementos que pertençam à população, mas sem garantias de que pertençam a um ou outro grupo (cores).

**Figura 3.1** – Exemplo de AAS

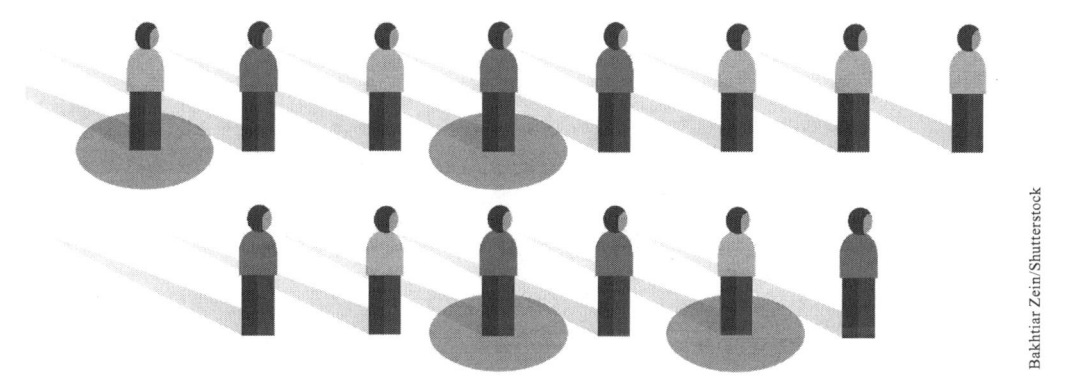

## O que é?

A AAS consiste, em um grupo de N elementos, em escolher $n$ unidades de mesma probabilidade de ocorrência, e a escolha pode ser feita de diversas formas.

## 3.1 AAS com e sem reposição

Uma etapa importante na AAS é a definição do tamanho da amostra. Vamos considerar os seguintes parâmetros:

- **N**: tamanho da população;
- **$E_0$**: erro amostral tolerável;
- **$n_0$**: aproximação do tamanho da amostra;
- **n**: tamanho da amostra.

É realizado, então, o seguinte cálculo:

$$n_0 = \frac{1}{E_0^2}$$

$$n = \frac{N \cdot n_0}{N + n_0}$$

### 3.1.1 Amostragem aleatória simples com reposição (AASc)

A amostragem aleatória simples com reposição (AASc) consiste em recolocar a unidade sorteada dentro da população inicial para que possa ser uma opção para o próximo sorteio novamente. É raramente usada na prática, pelo fato de não incorporar uma nova informação quando a mesma unidade é selecionada mais de uma vez para a amostra.

**Exemplo 3.1**

A AASc pode ser utilizada quando se deseja analisar as possibilidades de resultado no lançamento de um dado não viciado com 50 lançamentos. O valor encontrado em um lançamento será, novamente, uma possibilidade de resultado no próximo lançamento.

### 3.1.2 Amostragem aleatória simples sem reposição (AASs)

A amostragem aleatória simples sem reposição (AASs) consiste em não recolocar a unidade sorteada dentro da população inicial; assim, essa unidade não será uma opção no próximo sorteio.

É um procedimento simples e básico da teoria e prática de amostragem, tendo importância não só pelas aplicações diretas como também pelo fato de servir de base para muitos outros planos amostrais mais complexos. As ideias principais de amostragem podem ser desenvolvidas com ela.

Vejamos um exemplo de AASs a seguir.

### Exemplo 3.2

Se de um grupo de 1.000 pessoas, numeradas de 1 a 1.000, forem escolhidas 220 para compor a amostra para determinada pesquisa, certa pessoa escolhida deixará de ser uma opção para a próxima escolha, pois a amostragem foi feita sem reposição.

## 3.2 Descrição do plano amostral

O plano amostral da AAS conta com quatro etapas, sendo que a terceira etapa caracteriza e diferencia a AASc e a AASs. Demonstraremos a seguir cada uma das etapas na AASc e na AASs, respectivamente.

### 3.2.1 Com reposição

Na AASc, o plano amostral é formado pelas seguintes etapas:
1. numerar a população inicial de N elementos: $\Omega = \{1, 2, 3, ..., N\}$;
2. utilizando o método aleatório de sorteio, em que todos os elementos têm a mesma probabilidade de serem escolhidos, escolher uma das unidades;
3. repor a unidade sorteada no conjunto $\Omega$;
4. realizar um novo sorteio até que as $n$ unidades desejadas para a amostra sejam sorteadas.

No Exemplo 3.1, temos $\Omega = \{1, 2, 3, 4, 5, 6\}$ e, se o responsável pelo experimento, ao lançar o dado, anotar um resultado (por exemplo, 3), será preciso fazer um novo lançamento considerando-se o 3 novamente como uma opção de resultado. Deve-se repetir o processo até que se alcancem 50 resultados.

### 3.2.2 Sem reposição

Na AASs, o plano amostral é formado pelas seguintes etapas:
1. numerar a população inicial de N elementos: $\Omega = \{1, 2, 3, ..., N\}$;
2. utilizando o método aleatório de sorteio, em que todos têm a mesma probabilidade, escolher uma das unidades;
3. fazer um novo sorteio com a população $\Omega$ contendo um elemento a menos do que no sorteio anterior;
4. repetir o processo até que as $n$ unidades desejadas para a amostra sejam sorteadas.

No Exemplo 3.2, temos $\Omega = \{1, 2, 3, 4, ..., 999, 1000\}$ e, ao ser escolhida uma das pessoas (por exemplo, 462), deve-se fazer uma nova escolha sem a presença da pessoa 462. Em seguida, deve-se repetir o processo até que sejam alcançadas 220 pessoas.

## 3.3 Estimadores da média, do total e de uma proporção populacional

Nesta seção, vamos trabalhar com os cálculos dos estimadores para a AAS com e sem reposição.

### 3.3.1 Com reposição

Para obter estimadores da média e do total na AASc, é preciso considerar o teorema indicado a seguir.

> **Teorema 3.1**
>
> Se Y for uma variável aleatória com $E(Y) = \mu$ e $V(Y) = \sigma^2$, a média amostral será dada por $\bar{y} = \frac{1}{n} \cdot \sum_{i=1}^{n} y_i$. A média amostral é um estimador não viciado e consistente para a média populacional $\mu$, sendo sua variância $\frac{\sigma^2}{n}$.

Assim, vamos supor que $\tau$ seja o total populacional para uma variável aleatória Y, dada por $\tau = \sum_{i=1}^{n} y_i$. Sendo $\hat{\tau}$ o estimador da expansão total populacional, temos

$$\tau = N \cdot \bar{y} = \frac{N}{n} \cdot \sum_{i=1}^{n} y_i \quad e \quad V(\hat{\tau}) = V(N \cdot \bar{y}) = N^2 \cdot V(\bar{y}) = N^2 \cdot \frac{\sigma^2}{n}$$

Em levantamentos por amostragem, quando se pretende estimar a proporção de unidades da população que apresentam determinada característica, associam-se a cada elemento dessa população os valores 1 e 0, conforme a unidade apresente ou não, respectivamente, a característica. Dessa maneira, para a variável aleatória Y, com $E(Y) = \mu$ e $V(Y) = \sigma^2$, temos:

$$Y_i = \begin{cases} 1, \text{ se o elemento } i \text{ possui a característica} \\ 0, \text{ caso contrário} \end{cases}$$

Então, $P = \frac{1}{N} \cdot \sum_{i=1}^{N} Y_i = \mu$ é a proporção de unidades na população que têm a característica de interesse. Ainda, é possível concluir que:

$$\sigma^2 = \frac{1}{N} \cdot \sum_{i=1}^{N}(Y_i - P)^2$$

$$\sigma^2 = P \cdot (1 - P)$$

Sendo $\hat{P}$ um estimador não viciado para P, pelo Teorema 3.1, temos que $P = \dfrac{1}{N}$.

Assim, $\sum_{i=1}^{N} Y_i = \dfrac{m}{n}$, em que $n$ é o tamanho da amostra observada e $m$ é o número de elementos da amostra que detêm a característica de interesse. Além disso, $V(\hat{P}) = \dfrac{\sigma^2}{n} = \dfrac{P \cdot (1-p)}{n} = \dfrac{P \cdot Q}{n}$, em que $Q = 1 - P$.

## Teorema 3.2

Um estimador não viciado de P na AASc é dado por

$p = \hat{P} = \bar{y} = \dfrac{m}{n}$ com $\text{Var}[\hat{P}] = \dfrac{P \cdot Q}{n}$. Ainda, um estimador não viciado de

$\text{Var}[\hat{P}]$ $\text{var}[p] = \dfrac{\hat{P} \cdot \hat{Q}}{n-1}$ é.

### 3.3.2 Sem reposição

Para obter estimadores da média e do total na AASs, é preciso considerar o teorema indicado a seguir.

## Teorema 3.3

Se Y for uma variável aleatória com $E(Y) = \mu$ e $V(Y) = \sigma^2$, um estimador não viciado para o total populacional será, $\hat{\tau} = \dfrac{N}{n} \cdot \sum_{i=1}^{n} Y_i$ com as seguintes propriedades:

1) $E(\hat{\tau}) = E\left(\dfrac{n}{N}\right) \cdot \sum_{i=1}^{n} Y_i = \dfrac{n}{N} \cdot \tau = n \cdot \mu$

2) $V(\hat{\tau}) = \dfrac{n}{N} \cdot \left(1 - \dfrac{n}{N}\right) \cdot N \cdot S^2 = n \cdot \left(1 - \dfrac{n}{N}\right) \cdot S^2$,

de modo que $S^2 = \dfrac{1}{N-1} \cdot \sum_{i=1}^{N} (Y_i - \mu)^2$ é a variância populacional.

É necessário considerar também o seguinte teorema:

## Teorema 3.4

A média amostral $\bar{y} = \dfrac{1}{n} \cdot \sum_{i=1}^{n} Y_i$ é um estimador não viciado com variância dada por $V(\bar{y}) = \left(1 - \dfrac{n}{N}\right) \cdot \dfrac{S^2}{n}$.

Da mesma maneira que na AASc, foi feita a associação de cada elemento da população com os valores 1 e 0, conforme a presença e a ausência de determinada característica. Desse modo, podemos escrever:

$$S^2 = \frac{1}{N-1} \cdot \sum_{i=1}^{N}(Y_i - P)^2 = \frac{N}{N-1} \cdot P \cdot (1-P)$$

Para uma amostra de tamanho $n$ com $m$ elementos que têm a característica de interesse e considerando o Teorema 3.3, temos:

$$\hat{P} = \bar{y} = \frac{1}{n}\sum_{i \in s} Y_1 = \frac{m}{N} \text{ e}$$

$$V(\hat{P}) = \left(1 - \frac{n}{N}\right) \cdot \frac{S^2}{n} = \frac{N-n}{N-1} \cdot \frac{P \cdot (1-P)}{n} = \frac{N-n}{N-1} \cdot \frac{P \cdot Q}{n}, \text{ tal que } Q = 1 - P.$$

## 3.4 Estimador da variância populacional, erro-padrão dos estimadores e intervalo de confiança (IC)

O estimador da variância populacional pode ser realizado com a AASc e a AASs. A diferença entre eles é o teorema utilizado, como veremos a seguir.

### 3.4.1 Com reposição

**Teorema 3.5**

Se $\sigma^2$ for a variância populacional para uma variável aleatória Y, com $E(Y) = \mu$ dada por $\sigma^2 = \frac{1}{N} \cdot \sum_{i=1}^{N}(Y_i - \mu)^2$, $s^2 = \frac{1}{n-1} \cdot \sum_{i \in s}(Y_i - \bar{y})^2$ será um estimador não viciado para $V(Y) = \sigma^2$.

Dessa maneira, $\hat{V}(\bar{y}) = \frac{s^2}{n}$ é um estimador não viciado para

$$V(\bar{y}) = \frac{\sigma^2}{n} \text{ e } \hat{V}(\hat{\tau}) = N^2 \cdot \frac{s^2}{n}, \text{ e é um estimador não viciado para } V(\hat{\tau}) = \frac{N^2 \cdot \sigma^2}{n}.$$

### 3.4.2 Sem reposição

> **Teorema 3.6**
>
> A variância da amostra $s^2 = \dfrac{1}{n-1} \cdot \sum_{i=1}^{n}(Y_i - \overline{y})^2$ é um estimador não viciado para
>
> $s^2 = \dfrac{1}{n-1} \cdot \sum_{i=1}^{n}(Y_i - \mu)^2$.

Dessa forma, a estatística $\widehat{V}(\overline{y}) = \left(1 - \dfrac{n}{N}\right) \cdot \dfrac{s^2}{n}$ é um estimador não viciado para, $\widehat{V}(\overline{y})$ e $\widehat{V}(\hat{\tau}) = N^2 \cdot \left(1 - \dfrac{n}{N}\right) \cdot \dfrac{s^2}{n}$ é um estimador não viciado para $\widehat{V}(\hat{\tau})$.

Para trabalhar com o erro-padrão dos estimadores, considera-se que erro-padrão é o valor que representa a variação da média amostral com relação à média da população. A confiabilidade da média amostral encontrada é verificada pelo valor do erro-padrão.

Calcula-se o erro-padrão dividindo o desvio-padrão pela raiz quadrada do tamanho amostral, ou seja, $EP = \dfrac{\sigma}{\sqrt{n}}$.

#### Exemplo 3.3

Em uma pesquisa, obtiveram-se média 6,25 e desvio-padrão de 1,32 em uma amostra aleatória contendo 121 elementos. Nesse caso, é necessário determinar o erro-padrão e interpretar seu significado. O cálculo do erro-padrão é feito do seguinte modo:

$$EP = \dfrac{\sigma}{\sqrt{n}}$$

$$EP = \dfrac{1,32}{\sqrt{121}}$$

$$EP = \dfrac{1,32}{11}$$

$$EP = 0,12$$

Interpretando, temos que o valor mais provável de um elemento da amostra é: (6,25 − 0,12; 6,25 + 0,12), ou seja, (6,13; 6,37).

Uma importante aplicação do erro-padrão é no cálculo do **intervalo de confiança (IC)**, o qual pode ser calculado para a média de uma amostra ou para uma proporção.

O cálculo do IC para a média é feito por

$$IC = \left(\mu - Z \cdot \frac{\sigma}{\sqrt{n}};\ \mu + Z \cdot \frac{\sigma}{\sqrt{n}}\right),$$

em que $\mu$ é a média e Z é o percentil associado ao nível de significância observado em uma distribuição normal padrão ($\mu = 0$; $\sigma = 1$). Por exemplo, para o nível de significância de 5% (percentil de 95%), Z = 1,96.

Já o cálculo do IC para proporção é feito utilizando-se a mesma fórmula para o IC, com o detalhe de que, para o cálculo de $\sigma$, deve-se considerar $\sigma\sqrt{\mu \cdot (1-\mu)}$.

## Exemplo 3.4

Suponhamos que uma máquina enche pacotes de café com desvio-padrão igual a 5 g. Ela enche os pacotes de café com, em média, 500 g, a partir de uma amostra de tamanho de 100 pacotes. Para construir o IC para a média com 95% de confiança, deve-se fazer o seguinte cálculo:

$$IC = \left(\mu - Z \cdot \frac{\sigma}{\sqrt{n}};\ \mu + Z \cdot \frac{\sigma}{\sqrt{n}}\right)$$

$$IC = \left(500 - 1,96 \cdot \frac{5}{\sqrt{100}};\ 500 + 1,96 \cdot \frac{5}{\sqrt{100}}\right)$$

$$IC = (499,02;\ 500,98)$$

Interpretando o cálculo, temos que há 95% de probabilidade de a verdadeira média da quantidade de café em cada pacote de 500 g estar no intervalo IC = (499,02;500,98).

## Exemplo 3.5

Em uma indústria de peças automotivas, em uma amostra de 700 elementos, foram encontrados 68 defeituosos. Para determinar um IC com 95% de confiança para a verdadeira proporção de peças defeituosas na produção dessa indústria, calcula-se o desvio-padrão:

$$\sigma\sqrt{\mu \cdot (1-\mu)}$$

$$\sigma = \sqrt{\frac{68}{700} \cdot \left(1 - \frac{68}{700}\right)}$$

$$\sigma = 0,296$$

Por sua vez, o IC fica do seguinte modo:

$$IC = \left(\mu - Z \cdot \frac{\sigma}{\sqrt{n}}; \ \mu + Z \cdot \frac{\sigma}{\sqrt{n}}\right)$$

$$IC = \left(\frac{68}{700} - 1{,}96 \cdot \frac{0{,}296}{\sqrt{700}}; \ \frac{68}{700} + 1{,}96 \cdot \frac{0{,}296}{\sqrt{700}}\right)$$

$$IC = (0{,}075;\ 0{,}119)$$

Interpretando o cálculo, temos que há 95% de probabilidade de que a verdadeira proporção de peças defeituosas da indústria esteja em (0,075; 0,119), ou seja, entre 7,5% e 11,9% de peças defeituosas.

## 3.5 Comparando AASc com AASs pela variância dos estimadores

Para a comparação entre AASc e AASs, há o efeito de planejamento (EPA), que é definido por:

$$EPA = \frac{\left(1 - \dfrac{n}{N}\right) \cdot \dfrac{s^2}{n}}{\dfrac{\sigma^2}{n}}$$

$$EPA = \frac{N - n}{N - 1}$$

A estatística $\bar{y}$ é um estimador não viciado para $\mu$ na AASc e na AASs. Quando EPA > 1, o plano amostral do numerador é **menos eficiente** do que o plano do denominador; quando EPA < 1, o plano amostral do numerador é **mais eficiente** do que o plano do denominador.

Para a comparação entre AASc e AASs, o resultado é $EPA = \dfrac{N-n}{N-1}$, sendo $n > 1$.

Assim, sempre será EPA < 1, ou seja, **o plano amostral AASs é mais eficiente do que o plano AASc.**

### Exercícios resolvidos

1) Uma cidade europeia tem 30 hotéis de categoria 2 estrelas. Em uma pesquisa, um casal pretende conhecer o custo médio da diária para apartamento (de casal) para fazer um orçamento de viagem de férias. Os valores populacionais correspondem aos seguintes preços diários (em euros): 25, 20, 35, 21, 22, 24, 25, 30, 38, 24, 20, 20, 25, 20, 19, 25, 23, 24, 28, 24, 24, 22, 28, 26, 23, 25, 22, 27, 25 e 23. Extraia uma amostra aleatória simples (AAS) de tamanho 10 dessa população por sorteio.

### Resolução

Para extrair a amostra, basta escrever os valores em 30 papéis, colocá-los em uma urna, misturá-los e retirar 10 valores.

Um possível resultado é: n = {20, 24, 22, 28, 23, 24, 21, 20, 25, 27}.

2) Em uma indústria com 1.000 funcionários, deseja-se estimar a percentagem daqueles favoráveis a certo treinamento. Qual deve ser o tamanho da amostra aleatória simples (AAS) para garantir um erro amostral inferior a 5%?

### Resolução

Temos o seguinte:

$N = 1000$

$E_0 = 5\%$

Logo:

$$n_0 = \frac{1}{E_0^2} \to n_0 = \frac{1}{(0,05)^2} \to n_0 = 400$$

$$n = \frac{N \cdot n_0}{N + n_0} \to n = \frac{1000 \cdot 400}{1000 + 400} \to n = 285,71 \to n = 285 \text{ funcionários}$$

3) A prefeitura de Iporã pretende estimar o número de domicílios com, pelo menos, um morador com mais de 65 anos. Em uma amostra aleatória simples (AAS) de 60 casas, 11 tinham, pelo menos, um morador idoso. A cidade tem 621 domicílios, segundo os registros da prefeitura. Com base nesses dados, responda às questões a seguir.

   a. Estime a proporção P de domicílios na cidade com moradores idosos e o erro-padrão.
   b. Se você deseja que o erro de estimativa não seja superior a oito pontos percentuais para mais ou para menos, que tamanho de amostra deveria ser usado?

## Resolução

a) $P = \dfrac{11}{60} \to P = 0{,}18333\ldots \to P = 18{,}333\ldots\%$

Para a proporção, temos:

$$\sigma \sqrt{\mu \cdot (1-\mu)}$$

$$\sigma = \sqrt{0{,}18333 \cdot (1 - 0{,}18333)}$$

$$\sigma = 0{,}387$$

Assim:

$$EP = \dfrac{\sigma}{\sqrt{n}}$$

$$EP = \dfrac{0{,}387}{\sqrt{60}}$$

$$EP = \dfrac{0{,}387}{7{,}75}$$

$$EP = 0{,}05 = 5\%$$

b) Temos o seguinte:

$N = 621$

$E_0 = 8\%$

Logo:

$$n_0 = \dfrac{1}{E_0^2} \to n_0 = \dfrac{1}{(0{,}08)^2} \to n_0 = 156$$

$$n = \dfrac{N \cdot n_0}{N + n_0} \to n = \dfrac{621 \cdot 156}{621 + 156} \to n = 124{,}67 \to n = 124 \text{ domicílios}$$

4) Uma indústria de calçados conta com ilhas de produção. João, Carlos, Tatiana, Pedro e Roberta são os responsáveis pela amostra de cinco ilhas que foi feita para o controle mensal de erros, apresentada na seguinte tabela de dados:

| Ilha | Erros |
|---|---|
| João | 7 |
| Carlos | 6 |
| Tatiana | 8 |
| Pedro | 6 |
| Roberta | 5 |
| Total | 32 |

Com uma confiança de 95%, determine o intervalo de confiança (IC) para os erros da indústria.

■ Resolução

- Cálculo da média:

$$\mu = \frac{7+6+8+6+5}{5} \rightarrow \mu = 6,4$$

- Cálculo do desvio-padrão:

$$\sigma = \sqrt{\frac{(7-6,4)^2 + (6-6,4)^2 + (8-6,4)^2 + (6-6,4)^2 + (5-6,4)^2}{5}}$$

$$\sigma = 1,02$$

- Cálculo do IC:

$$IC = \left(\mu - Z \cdot \frac{\sigma}{\sqrt{n}};\ \mu + Z \cdot \frac{\sigma}{\sqrt{n}}\right)$$

$$IC = \left(6,4 - 1,96 \cdot \frac{1,02}{\sqrt{5}};\ 6,4 + 1,96 \cdot \frac{1,02}{\sqrt{5}}\right)$$

$$IC = (5,51;\ 7,29)$$

Interpretando os resultados, temos que 95% das ilhas da indústria terão entre 5,51 e 7,29 erros por mês.

5) A seguir, há uma amostra de 10 árvores castanheiras, todas com 8 anos de idade e localizadas em determinada floresta. O diâmetro (polegadas) das árvores foi medido a uma altura de 3 pés:

| Castanheira | 1 | 2 | 3 | 4 | 5 | 6 | 7 | 8 | 9 | 10 |
|---|---|---|---|---|---|---|---|---|---|---|
| Diâmetro | 19,4 | 21,4 | 22,3 | 22,1 | 20,1 | 23,8 | 24,6 | 19,9 | 21,5 | 19,1 |

Encontre um intervalo de confiança (IC) de 95% para o verdadeiro diâmetro médio de todas as árvores castanheiras dessa idade na floresta.

■ Resolução

- Cálculo da média:

$$\mu = \frac{19,4 + 21,4 + 22,3 + 22,1 + 20,1 + 23,8 + 24,6 + 19,9 + 21,5 + 19,1}{10} \to \mu = 21,42$$

- Cálculo do desvio-padrão:

$$\sigma = \sqrt{\frac{(19,4-21,42)^2 + (21,4-21,42)^2 + (22,3-21,42)^2 + (22,1-21,42)^2 + (20,1-21,42)^2 + (23,8-21,42)^2 + (24,6-21,42)^2 + (19,9-21,42)^2 + (21,5-21,42)^2 + (19,1-21,42)^2}{10}}$$

$$\sigma = 1,743$$

- Cálculo do IC:

$$IC = \left(\mu - Z \cdot \frac{\sigma}{\sqrt{n}};\ \mu + Z \cdot \frac{\sigma}{\sqrt{n}}\right)$$

$$IC = \left(21,42 - 1,96 \cdot \frac{1,743}{\sqrt{10}};\ 21,42 + 1,96 \cdot \frac{1,743}{\sqrt{10}}\right)$$

$$IC = (20,33;\ 22,5)$$

Interpretando os resultados, temos que, na floresta, 95% das árvores com 8 anos de idade têm, a 3 pés de altura, diâmetro entre 20,33 e 22,5 polegadas.

## Para saber mais

O tamanho de uma amostragem aleatória simples (AAS) é algo que gera discussões em casos em que a amostragem foi utilizada. O artigo indicado a seguir ilustra bem uma perspectiva saudável que o profissional deve ter na hora de realizar essa definição.

OLIVEIRA, E. F. T. de; GRÁCIO, M. C. C. Análise a respeito do tamanho de amostras aleatórias simples: uma aplicação na área de ciência da informação. **DataGramaZero – Revista de Ciência da Informação**, v. 6, n. 3, jun. 2005. Disponível em: < https://brapci.inf.br/index.php/res/download/45220>. Acesso em: 30 ago. 2023.

## Síntese

Neste capítulo, demonstramos que a amostragem aleatória simples (AAS) é o mais importante plano de amostragem por sua aplicabilidade em fases de outros planos, além da possibilidade de aplicação exclusiva em uma pesquisa. Esse tipo de amostragem pode ser executado com reposição (AASc) – quando uma unidade é selecionada em um dos sorteios, poderá participar dos demais sorteios, podendo ser selecionada novamente; ou sem reposição (AASs) – quando uma unidade é selecionada em um dos sorteios, não poderá participar dos demais sorteios.

Utilizando a variância entre os estimadores para comparar a eficiência entre as duas execuções do AAS, pudemos verificar que o plano AASs é mais eficiente do que o plano AASc.

## Questões para revisão

1) (FGV – 2021 – FunSaúde-CE) Uma amostra aleatória simples de 625 trabalhadores mostrou que, desses, 125 estavam desempregados. Um intervalo aproximado de 95% de confiança para a verdadeira proporção de desempregados na população de trabalhadores será dado por:

   a. (0,19; 0,21)
   b. (0,17; 0,23)
   c. (0,16; 0,24)
   d. (0,15; 0,25)
   e. (0,14; 0,26)

2) Em um experimento de uma distribuição normal com média μ e variância $\sigma^2$ desconhecidas, foi selecionada uma amostra aleatória simples com 25 elementos. Ela apresentou os seguintes dados: média amostral = 40,0; desvio-padrão amostral = 2,5. Determine o intervalo de 95% de confiança para μ.

3) (UFAC – 2019) O diretor do Centro de Ciências Exatas e Tecnológicas-CCET, com um total de 90 funcionários, realizou um experimento com a finalidade de verificar o consumo de água dos funcionários durante o mês de novembro de 2018. Foram selecionados, aleatoriamente, 30 funcionários e mensurada a quantidade de litros de água consumida por cada um deles. [...] cada funcionário teve a mesma probabilidade de ser incluído na seleção. Então, com base nestas informações, relacione a segunda coluna de acordo com a primeira:

Primeira Coluna:

(1) Consumo de litros de água por funcionário.

(2) Quantidade total de funcionários do CCET.

(3) Técnica utilizada para seleção da amostra.

(4) 30 funcionários selecionados aleatoriamente.

Segunda Coluna:

( ) Amostra.

( ) Variável contínua.

( ) População.

( ) Amostragem aleatória simples.

Marque a alternativa que contém a sequência CORRETA de respostas, na ordem de cima para baixo:
a) 4, 1, 2, 3.
b) 2, 1, 4, 3.
c) 3, 2, 1, 4.
d) 2, 3, 4, 1.
e) 4, 3, 2, 1.

4) (Enade – 2009 – Estatística) O dono de uma *lan house* (loja que aluga computadores para acesso à internet) quer saber se o tempo de uso da internet por sessão é diferente entre seus clientes jovens e adultos. Para isso, ele contratou um Estatístico, que coletou uma amostra aleatória de clientes nos dois grupos e mediu o tempo, em minutos, que cada cliente gastou em sua sessão. Os dados coletados estão resumidos nas duas ogivas (dois polígonos de frequências acumuladas) mostradas na figura:

**Ogivas do tempo de uso da internet a cada sessão, para jovens e adultos**

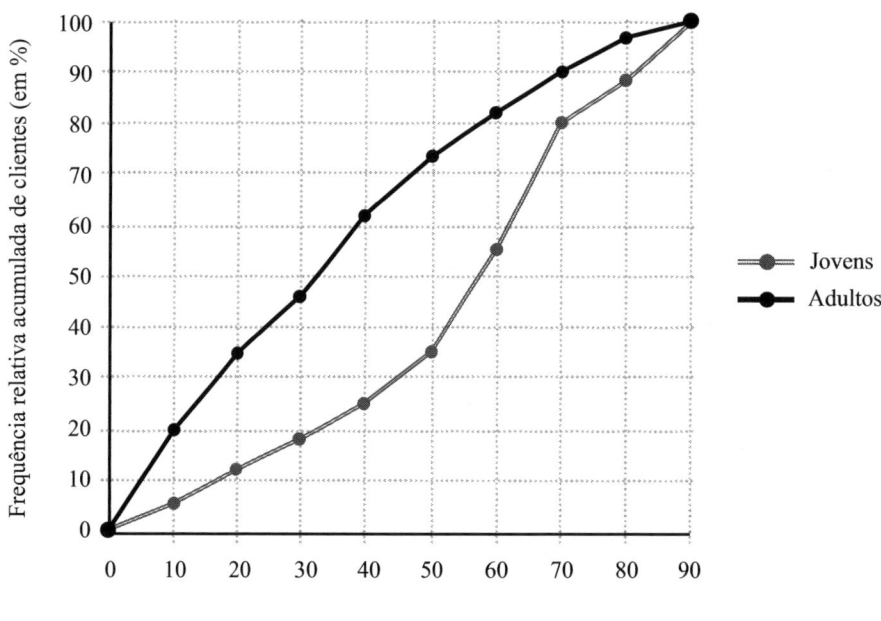

Com base no gráfico, o Estatístico pode concluir que

a. cerca de 80% dos clientes jovens utilizam a internet por 70 minutos a cada sessão.
b. mais de 50% dos clientes adultos utilizam a internet por mais de 30 minutos a cada sessão.
c. menos de 5% dos clientes jovens utilizam a internet por mais de 80 minutos a cada sessão.
d. menos de 10% dos clientes adultos utilizam a internet por até 10 minutos a cada sessão.
e. menos de 30% dos clientes adultos utilizam a internet de 30 a 60 minutos a cada sessão.

5) Se $K_1, K_2, \ldots K_n$ é uma amostra aleatória simples (AAS) de determinada distribuição de probabilidades f(k), responda:

   **a.** $K_1, K_2, \ldots K_n$ são independentes? Justifique sua resposta.
   **b.** $K_1, K_2, \ldots K_n$ são identicamente distribuídos? Justifique sua resposta.

## Questão para reflexão

1) Leia o texto a seguir.

   > Os pets têm ganhado cada vez **mais espaço dentro do ambiente familiar**, é o que revela uma pesquisa realizada em 2020 pelo **IBGE** juntamente com o **Instituto Pet Brasil**. Vem crescendo o número de **famílias multiespécie**, que é o termo utilizado para famílias que são compostas de humanos e animais de estimação. (Petlove, 2023, grifo do original)

   A distribuição fictícia do número de pets, por família, em uma cidade foi colocada na seguinte tabela:

   | Número de Pets | Porcentagem de famílias |
   |---|---|
   | 0 | 12 |
   | 1 | 18 |
   | 2 | 35 |
   | 3 | 20 |
   | 4 | 15 |

   **a.** Sugira um procedimento para sortear uma das famílias dessa população.
   **b.** Sugira um ou mais procedimentos para a realização de dois sorteios com as famílias da cidade.
   **c.** Ao sortear duas famílias, determine todas as observações possíveis com as respectivas probabilidades.
   **d.** Escolhendo-se 4 famílias distintas (amostra tamanho 4), qual é a probabilidade de se encontrar uma família: com 2 pets; com 3 pets; com 4 pets; e com 1 pet? E qual é a probabilidade de se encontrar a quádrupla ordenada (2, 3, 4, 1)? As duas escolhas são iguais ou distintas? Justifique sua resposta.

## Conteúdos do capítulo:

- Descrição do plano amostral.
- Estimadores da média, do total e da variância populacional.
- Estimador de uma proporção populacional.
- Alocação proporcional.
- Alocação uniforme.
- Alocação de Neyman.

## Após o estudo deste capítulo, você será capaz de:

1. identificar definições e simbologias da amostragem aleatória estratificada;
2. trabalhar com o plano amostral da amostragem aleatória estratificada;
3. trabalhar com os estimadores de média e variância em uma amostragem aleatória estratificada;
4. trabalhar com o erro em uma amostragem aleatória estratificada;
5. fazer a alocação da amostra estratificada.

# 4
# Amostragem aleatória estratificada

Neste capítulo, identificaremos os casos para os quais a melhor amostragem é a aleatória estratificada (AE). Demonstraremos como são calculados todos os seus parâmetros e analisaremos os respectivos significados.

### Exemplo 4.1
Uma população pode ter seus elementos distribuídos por gênero (masculino ou feminino), moradia (rural ou urbana), religiosidade (inúmeros grupos) etc. Se o objetivo da construção da amostra for estudar a religiosidade dessa população, garante-se, então, que a mesma distribuição de gênero e moradia seja representada na montagem da amostra e, assim, estuda-se a religiosidade da amostra.

### O que é?
**Estrato** são os grupos montados antes da definição da amostra.

O processo de AE assegura a representatividade de todos os grupos na amostra e, consequentemente, aumenta a credibilidade dos resultados encontrados.

A Figura 4.1 mostra, por cores, os estratos formados em uma população e a montagem da amostra de acordo com os estratos.

**Figura 4.1** – Exemplo de amostragem aleatória estratificada

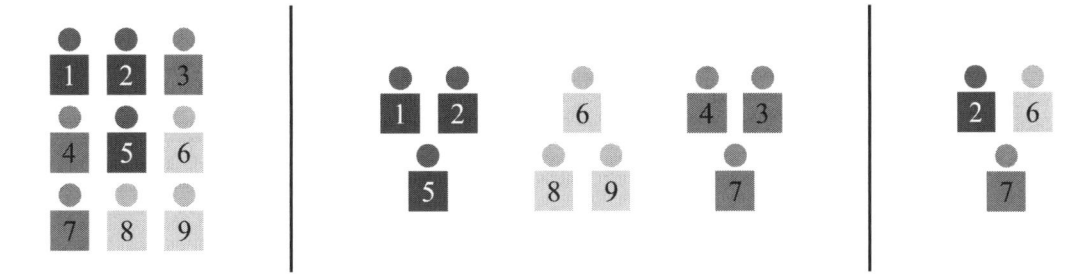

## 4.1 Definições e notações

Considere uma população representada por $\Omega = \{1, 2, 3, ..., N\}$ e que seja possível uma subdivisão em $\{\Omega_1, \Omega_2, \Omega_3, ..., \Omega_H\}$, de modo que $\Omega = \Omega_1 \cup \Omega_2 \cup ... \cup \Omega_H$ e $\Omega_n \cap \Omega_K = \emptyset$ para todas as subdivisões. Além disso, $\Omega = \cup^1_{H=1} \Omega_h$ e $\Omega_h \cap \Omega_{h'} = \emptyset$ para $h \neq h' = 1, 2, 3, ..., H$, e cada conjunto $\Omega_h$ é formado pelos pares ordenados $\Omega_h = \{(h,1), (h,1), (h,1), ..., (h, N_h)\}$.

Dessa maneira, obtemos: $\Omega = \{(1,1), (h,2), ..., (1,N_1), (2,1), (2,2), ..., (2,N_2), ... (H,1), (H,2), ..., (H,N_H)\}$.

Com o mesmo raciocínio de identificação, as características da população são identificadas por dois índices.

Assim: $D = (Y_{11}, ..., Y_{1N_1}, ..., Y_{h1}, ..., Y_{hN_h}, ... Y_{HN_H})$

Nas relações entre os parâmetros, podemos obter:

- Tamanho do estrato h: $N_h$

- Total do estrato $\tau_h = \sum_{i=1}^{N_h} Y_{hi}$

Observe a Tabela 4.1, a seguir.

**Tabela 4.1** – Parâmetros da análise aleatória estratificada

| Estrato | Dados | Total | Média | Variância |
|---|---|---|---|---|
| 1 | $Y_1$ | $\tau_1$ | $\mu_1 = \overline{Y}_1$ | $\sigma_1^2$ |
| (...) | (...) | (...) | (...) | (...) |
| h | $Y_h$ | $\tau_h$ | $\mu_h = \overline{Y}_h$ | $\sigma_h^2$ |
| (...) | (...) | (...) | (...) | (...) |
| H | $Y_H$ | $\tau_H$ | $\mu_H = \overline{Y}_H$ | $\sigma_H^2$ |

Temos também:

- Média do estrato h: $\mu_h = \overline{Y}_h = \dfrac{1}{N_h} \cdot \sum_{i=1}^{N_h} Y_{hi}$

- Variância do estrato h: $\sigma_h^2 = \dfrac{1}{N_h} \cdot \sum_{i=1}^{N_h} (Y_{hi} - \mu_h)^2$

- Tamanho do universo: $\sum_{i=1}^{H} N_h$

- Proporção do estrato (peso): $W_h = \dfrac{N_h}{N}$

- Total populacional: $\tau = \sum_{h=1}^{H} \tau_h = \sum_{h=1}^{H} \sum_{i=1}^{N_h} Y_{hi} = \sum_{h=1}^{H} N_h \cdot \mu_h$

- Média populacional: $\mu = Y = \dfrac{\tau}{N} = \dfrac{1}{N} \cdot \sum_{h=1}^{H} \sum_{i=1}^{N_n} Y_{hi} = \dfrac{1}{N} \cdot \sum_{h=1}^{H} N_n \cdot \mu_h = \sum_{h=1}^{H} W_h \mu_h$

A nomenclatura para as estatísticas é semelhante àquela utilizada para os parâmetros populacionais. Assim:

- Média no estrato h: $\overline{y}_h = \dfrac{1}{n_h} \cdot \sum_{i \in s_h} Y_{hi}$

- Total do estrato h: $T_h = \sum_{i \in s_h} Y_{hi}$

- Variância amostral do estrato h: $s_h^2 = \dfrac{1}{n_h - 1} \cdot \sum_{i \in s_h} \left(Y_{hi} - \overline{y}_h\right)^2$

Para toda a amostra, $S = U_{h=1}^{H} S_h$, de modo que o tamanho seja $n = \sum_{h=1}^{H} n_h$. Assim, é possível obter:

- Média: $\overline{y} = \dfrac{1}{n} \cdot \sum_{h=1}^{H} \sum_{i \in s_h} Y_{hi}$

- Total: $T = \sum_{h=1}^{H} \sum_{i \in s_h} Y_{hi}$

- Variância amostral: $s^2 = \dfrac{1}{n-1} \cdot \sum_{h=1}^{H} \sum_{i \in s_h} \left(Y_{hi} - \overline{y}_h\right)^2$

Para as variáveis aleatórias temos $X = \sum_{h=1}^{H} \iota_h X_h$, tem-se:

- Estimador: $E[X] = E[X] = \sum_{h=1}^{H} \iota_h E[X_h]$

- Variância: $Var[X] = Var[X] = \sum_{h=1}^{H} \iota_h^2 \, Var[X_h]$

## 4.2 Descrição do plano amostral

O plano amostral da AE conta com quatro passos:
1. definição do(s) critério(s) de estratificação;
2. formação dos estratos conforme o(s) critério(s);
3. escolha do método (o ideal é a amostragem aleatória simples – AAS) para, dentro de cada estrato, ser possível escolher os elementos que vão compor a amostra;
4. formação da amostra com as escolhas de cada estrato.

### Exemplo 4.2

Duas cidades litorâneas têm um braço de mar que as separa. A travessia é feita por *ferry-boat*, embarcação que transporta dois tipos de passageiros: em carro e a pé.

Deseja-se levantar a média de gastos individuais para os passageiros que realizam a travessia e, para isso, será montada uma amostra com os passageiros que estarão em um dos desembarques.

Uma opção de plano amostral é a seguinte:
1. Definir os estratos – Estrato I: passageiros em carro; Estrato II: passageiros a pé.
2. Os estratos têm saídas distintas no desembarque. Há as saídas exclusivas para o Estrato I e há as saídas exclusivas para o Estrato II.
3. Escolher uma saída para cada estrato. Na saída escolhida para o Estrato I, o motorista do veículo fará parte da amostra. Na saída escolhida para o Estrato II, todos os adultos (maiores de 18 anos) farão parte da amostra.
4. Entregar para os membros da amostra um questionário (impresso, QR Code ou código de barras) para ser respondido.

## 4.3 Estimadores da média, do total e da variância populacional

Executando o plano amostral para uma AE de uma população $\Omega$, vamos considerar a seguinte situação:
1. estratificar a população;
2. de cada estrato, foi sorteada uma amostra $n_h$;
3. considerar $\hat{\mu}_h$ um estimador não tendencioso da média populacional $\mu_h$ do estrato $h$, ou seja, $E_A[\hat{\mu}_h] = \mu_h$, em que A é o plano utilizado no estrato $h$.

Assim, vamos considerar o teorema a seguir.

## Teorema 4.1

O estimador $T_{es} = \sum_{h=1}^{H} N_h \hat{\mu}_h$ é não tendencioso para o total populacional $\tau$, com $Var[T_{es}] = \sum_{h=1}^{H} N_h^2 \, Var_A[\hat{\mu}_h]$.

Para comprovação, considerando $E[X] = \sum_{h=1}^{H} i_h E[X_h]$ e $Var[X] = \sum_{h=1}^{H} i_h^2 \, Var[X_h]$ para um plano amostral A, temos:

$$E_A[T_{es}] = \sum_{h=1}^{H} N_h E_A[\hat{\mu}_h] = \sum_{h=1}^{H} N_h \mu_h = \sum_{h=1}^{H} \tau_h = \tau \quad e$$

$$Var_A[T_{es}] = \sum_{h=1}^{H} N_h^2 \, Var_A[\hat{\mu}_h]$$

Assim, como resultado, temos que o estimador $\bar{y}_{es} = \frac{1}{N} \sum_{h=1}^{H} N_h \hat{\mu}_h = \sum_{h=1}^{H} W_h \hat{\mu}_h$ é não tendencioso para a média populacional $\mu$ e $Var_A[\bar{y}_{es}] = \sum_{h=1}^{H} W_h^2 \, Var_A[\hat{\mu}_h]$.

Além disso, se dentro de cada estrato a amostra foi definida por amostragem aleatória simples com reposição (AASc) e $\hat{\mu}_h = \bar{y}_h$, então teremos:

$$T_{es} = \sum_{h=1}^{H} N_h \bar{y}_h; \quad Var[T_{es}] = \sum_{h=1}^{H} N_h^2 \cdot \frac{\sigma_h^2}{n_h}$$

Assim como:

$$\bar{y}_{es} = \sum_{h=1}^{H} W_h \bar{y}_h; \quad Var_A[\bar{y}_{es}] = \sum_{h=1}^{H} W_h^2 \cdot \frac{\sigma_h^2}{n_h}$$

Os estimadores não tendenciosos são definidos por:

$$Var[T_{es}] = \sum_{h=1}^{H} N_n^2 \cdot \frac{s_h^2}{n_h}$$

Assim como:

$$Var[\bar{y}_{es}] = \sum_{h=1}^{H} W_h^2 \cdot \frac{s_h^2}{n_h}$$

## 4.4 Estimador de uma proporção populacional

Quando o interesse for estudar a ocorrência (ou não) de determinada característica na população (preferência por candidato em certa eleição, por marca de produto ou situações similares), deve-se considerar que a quantidade de interesse associado a determinado elemento $j$, no estrato $h$, pode ser representada por:

$$Y_{hj} = \begin{cases} 1, \text{ se o elemento } (h,j) \text{ tem a característica} \\ 0, \text{ caso contrário} \end{cases}$$

Considerando $\tau_h = \sum_{j=1}^{N_h} Y_{hj}$ como o número de elementos que têm a característica no estrato $h$, obtemos $P_h = \dfrac{\tau_h}{N_h} = \mu_h$ para a proporção de elementos que têm a característica no estrato $h$.

Dessa maneira, a proporção de elementos da população que detêm a característica pode ser definida por $P = \sum_{h=1}^{H} W_h P_h$, em que $W_h = \dfrac{N_h}{H}$.

Para uma amostra $s_h$ de tamanho $n_h$, selecionada segundo a AASc no estrato $h$, o estimador para P fica definido por

$$\hat{P}_{es} = p_{es} = \bar{y}_{es} = \sum_{h=1}^{H} W_h \hat{P}_h, \text{ em que } \hat{P}_h = p_h = \bar{y}_h = \dfrac{T_h}{n_h} \text{ e}$$

$T_h$ é o total de elementos do estrato $h$ que estão na amostra e têm a característica.

Há dois teoremas importantes para os estimadores da proporção que consideram as relações indicadas a seguir.

Conforme o que foi trabalhado na Seção 3.3 a respeito dos estimadores da média, do total e de uma proporção populacional em uma AAS, podemos concluir que

$$\sigma_h^2 = \dfrac{1}{N_h} \cdot \sum_{j=1}^{N_h} \left(Y_{hj} - P_h\right)^2 = P_h\left(1 - P_h\right)$$

Dessa maneira, tendo como base o Teorema 3.3, visto no capítulo anterior, vamos considerar os seguintes teoremas:

### Teorema 4.2

Para a amostragem estratificada, $\hat{P}_{es} = p_{es} = \bar{y}_{es} = \sum_{h=1}^{H} W_h \hat{P}_h$ é um estimador não viciado de P, com $V_{es} = \text{Var}\left[\hat{P}_{es}\right] = \sum_{h=1}^{H} W_h^2 \dfrac{\hat{P}_h \hat{Q}_h}{n_h}$, em que $Q_h = 1 - P_h$.

## Teorema 4.3

Um estimador não viciado $V_{es}$ em relação à amostragem estratificada é dado por

$$\widehat{V}_{es} = \sum_{h=1}^{H} W_h^2 \frac{\widehat{P}_h \widehat{Q}_h}{n_h - 1}, \text{ em que } \widehat{Q}_h = 1 - \widehat{P}_h.$$

Considerando que o intervalo de confiança (IC) para uma AE seja definido por

$$IC = \left( \overline{y}_{es} - Z \cdot \sqrt{\sum_{h=1}^{H} W_h^2 \cdot \frac{s_h^2}{n_h}} ; \overline{y}_{es} + Z \cdot \sqrt{\sum_{h=1}^{H} W_h^2 \cdot \frac{s_h^2}{n_h}} \right),$$

para os estimadores da proporção, temos que

$$IC = \left( \widehat{P}_{es} - Z \cdot \sqrt{\sum_{h=1}^{H} W_h^2 \frac{\widehat{P}_h \widehat{Q}_h}{n_h - 1}} ; \widehat{P}_{es} + Z \cdot \sqrt{\sum_{h=1}^{H} W_h^2 \frac{\widehat{P}_h \widehat{Q}_h}{n_h - 1}} \right)$$

## 4.5 Alocação da amostra: uniforme, proporcional, de Neyman

Vamos considerar a situação do exemplo apresentado a seguir.

### Exemplo 4.3

Em uma pesquisa feita em uma população com 8 famílias (N = 8), são conhecidas a renda familiar (em quantidade de salários mínimos) e o endereço, classificado como Região Morro (M) e Região Vale (V). Então:

$$\Omega = \{1, 2, 3, 4, 5, 6, 7, 8\} \text{ com } D = \begin{pmatrix} 13 & 17 & 6 & 5 & 10 & 12 & 19 & 6 \\ V & M & V & V & V & M & M & V \end{pmatrix}.$$

Para a população, calculam-se $\mu = 11$ e $\sigma^2 = 24$.

De acordo com um critério de estratificação, foram definidos dois estratos: $\Omega_1 = \{2,4,7\}$, com $D_1 = (17, 5, 9)$ e $\Omega_2 = \{1, 3, 5, 6, 8\}$, com $D_2 = (13, 6, 10, 12, 6)$.

Para cada estrato, encontram-se: $\begin{cases} \mu_1 = 13,7 \\ s_1^2 = 57,3 \end{cases}$ e $\begin{cases} \mu_2 = 9,4 \\ s_2^2 = 10,8 \end{cases}$

Pelo Teorema 4.1, é possível comparar duas alocações.

A 1ª alocação ($n_1 = 1$; $n_2 = 2 \rightarrow n = 3$) será chamada de $AL_1$:

$$Var_{AL_1}\left[\overline{y}_{es}\right] = \left(\frac{3}{8}\right)^2 \cdot \left(1 - \frac{1}{3}\right) \cdot \frac{57,3}{1} + \left(\frac{5}{8}\right)^2 \cdot \left(1 - \frac{2}{5}\right) \cdot \frac{10,8}{2}$$

$$Var_{AL_1}\left[\overline{y}_{es}\right] = 6,64$$

A 2ª alocação ($n_1 = 2$; $n_2 = 1 \to n = 3$) será chamada de $AL_{II}$:

$$Var_{AL_{II}}\left[\bar{y}_{es}\right] = \left(\frac{3}{8}\right)^2 \cdot \left(1 - \frac{2}{3}\right) \cdot \frac{57,3}{2} + \left(\frac{5}{8}\right)^2 \cdot \left(1 - \frac{1}{5}\right) \cdot \frac{10,8}{1}$$

$$Var_{AL_{I}}\left[\bar{y}_{es}\right] = 4,72$$

Neste exemplo, a 2ª alocação apresenta uma variância menor. Por permitir chegar a essa conclusão, o processo de alocação tem grande importância na amostragem.

### 4.5.1 Alocação proporcional

A amostra de tamanho $n$ é distribuída proporcionalmente ao tamanho dos estratos, ou seja:

$$n_h = n \cdot W_h = n \cdot \frac{N_h}{N}$$

Vamos considerar o teorema indicado a seguir.

### Teorema 4.4

Com relação à amostragem estratificada proporcional (AEpr), o estimador $\bar{y}_{es}$ é igual à média amostral simples, com

$$V_{pr} = Var\left[\bar{y}_{es}\right] = \sum_{h=1}^{H} W_h \cdot \frac{\sigma_h^2}{n}, \text{ que tem o estimador}$$

$$Var\left[\bar{y}_{es}\right] = \sum_{h=1}^{H} W_h \cdot \frac{s_h^2}{n}$$

Para comprovação, partindo de $\bar{y}_{es}$, temos:

$$\bar{y}_{es} = \sum_{h=1}^{H} W_h y_h = \sum_{h=1}^{H} W_h \cdot \frac{1}{n_h} \sum_{i \in s_h} y_{hi} = \sum_{h=1}^{H} W_h \cdot \frac{1}{n \cdot W_h} \sum_{i \in s_h} y_{hi} = \frac{1}{n} \sum_{h=1}^{H} \sum_{i \in s_h} Y_{hi} = \bar{y}$$

Temos, ainda:

$$f_h = \frac{n_h}{N_h} = \frac{nW_h}{NW_h} = \frac{n}{N}$$

Assim como:

$$\frac{W_h^2}{n_h} = \frac{W_h^2}{nW_h} = \frac{W_h}{n}$$

Substituindo os dados em Var[$\bar{y}_{es}$] e considerando o fato de que, dentro de cada estrato, a amostra foi definida por AASc, e $\mu_h = \bar{y}_h$, obtemos:

$$T_{es} = \sum_{h=1}^{H} N_h \bar{y}_h; \quad Var[T_{es}] = \sum_{h=1}^{H} N_h^2 \cdot \frac{\sigma_h^2}{n_h}$$

Assim como:

$$\bar{y}_{es} = \sum_{h=1}^{H} W_h \bar{y}_h; \quad Var_A[\bar{y}_{es}] = \sum_{h=1}^{H} W_h^2 \cdot \frac{\sigma_h^2}{n_h}$$

Os estimadores não tendenciosos são definidos por:

$$Var[T_{es}] = \sum_{h=1}^{H} N_h^2 \cdot \frac{s_h^2}{n_h}$$

Assim como:

$$Var[\bar{y}_{es}] = \sum_{h=1}^{H} W_h^2 \cdot \frac{s_h^2}{n_h}$$

Obtemos, então:

$$Var_A[\bar{y}_{es}] = \sum_{h=1}^{H} W_h^2 \cdot \frac{\sigma_h^2}{n_h} = \sum_{h=1}^{H} W_h \cdot \frac{\sigma_h^2}{n_h} = \frac{\sigma_d^2}{n}$$

Da mesma maneira, em cada estrato, $s_h^2$ é um estimador não viciado para $\sigma_h^2$, então $Var[\bar{y}_{es}] = \sum_{h=1}^{H} W_h \cdot \frac{s_h^2}{n}$ é um estimador não viciado de Var[$\bar{y}_{es}$] = $V_{pr}$.

### Exemplo 4.4

Em um experimento em que se optou pela amostragem aleatória estratificada, a população foi dividida em três estratos, com os seguintes tamanhos, respectivamente: $N_1 = 64$; $N_2 = 96$; e $N_3 = 48$. Recorrendo ao processo de amostragem estratificada proporcional (AEpr), foram retirados 8 elementos do primeiro estrato. Desse modo, é possível concluir que o número de elementos da amostra é igual a:

 a) 18
 b) 22
 c) 28
 d) 24
 e) 26

A amostragem estratificada proporcional obedece ao seguinte raciocínio:

$$n_h = n \cdot \frac{N_h}{N}$$

$$\frac{n_h}{N_h} = \frac{n}{N}$$

$$\frac{n_1}{N_1} = \frac{n}{N}$$

$$\frac{8}{64} = \frac{n}{N}$$

$$\frac{1}{8} = \frac{n}{N}$$

Assim, aplicando o raciocínio para cada estrato, obtém-se:

$$\frac{n_h}{N_h} = \frac{n}{N}$$

$$\frac{n_2}{N_2} = \frac{1}{8}$$

$$\frac{n_2}{96} = \frac{1}{8}$$

$$n_2 = 12$$

$$\frac{n_h}{N_h} = \frac{n}{N}$$

$$\frac{n_3}{N_3} = \frac{1}{8}$$

$$\frac{n_3}{48} = \frac{1}{8}$$

$$n_3 = 6$$

Assim, o tamanho da amostra será a soma dos tamanhos retirados de cada estrato para a amostra. Logo:

$n = n_1 + n_2 + n_3$

$n = 8 + 12 + 6$

$n = 26$

Assim, a resposta correta é a alternativa "e".

### 4.5.2 Alocação uniforme

Chamada de *amostragem estratificada uniforme* (AEun), a alocação uniforme consiste em atribuir o mesmo tamanho de amostra para cada estrato. Para cada um dos estratos, temos:

$$n_h = \frac{n}{H} = k \text{ e } f_h = \frac{k}{N_h}$$

Assim, podemos concluir que, com relação à AEun, $\bar{y}_{es}$ é um estimador não viciado com variância expressa por

$$V_{un} = Var\left[\bar{y}_{es}\right] = \sum_{h=1}^{H} W_h^2 \cdot \frac{\sigma_h^2}{k}$$, a qual é estimada por

$$Var\left[\bar{y}_{es}\right] = \sum_{h=1}^{H} W_h \cdot \frac{s_h^2}{k}$$

### 4.5.3 Alocação de Neyman

A alocação de Neyman considera que o custo monetário para cada tamanho de amostra é uma maneira de decisão da alocação a ser feita.

Para o custo C, é possível fixar uma função custo linear dada por, $C = C_0 + \sum_{h=1}^{H} n_h \cdot c_h$ em que $c_0$ é o custo inicial, $c_h$ é o custo por unidade observada no estrato $h$ e $C' = C - c_0$ é o custo variável.

Lembre-se de que, se dentro de cada estrato a amostra foi definida por AASc, e $\mu_h = y_h$, então teremos:

$$T_{es} = \sum_{h=1}^{H} N_h \bar{y}_h; \quad Var\left[T_{es}\right] = \sum_{h=1}^{H} N_h^2 \cdot \frac{\sigma_h^2}{n_h}$$

Assim como:

$$\bar{y}_{es} = \sum_{h=1}^{H} W_h \bar{y}_h; \quad Var_A\left[\bar{y}_{es}\right] = \sum_{h=1}^{H} W_h^2 \cdot \frac{\sigma_h^2}{n_h}$$

Os estimadores não tendenciosos são definidos por:

$$\text{Var}\left[T_{es}\right] = \sum_{h=1}^{H} N_h^2 \cdot \frac{s_h^2}{n_h}$$

Assim como:

$$\text{Var}\left[\overline{y}_{es}\right] = \sum_{h=1}^{H} W_h^2 \cdot \frac{s_h^2}{n_h}$$

É possível definir $\text{Var}_A\left[\overline{y}_{es}\right] = \sum_{h=1}^{H} W_h^2 \cdot \frac{\sigma_h^2}{n_h} = V_{es}$.

De um modo mais específico, o problema é minimizar $V_{es}$ para C fixado ou minimizar C para $V_{es}$ fixado. Para solucionar esse problema, é necessário recorrer à desigualdade de Cauchy-Schwarz, que é um teorema muito útil que aparece em vários contextos, como as séries infinitas e a **integração** de produtos, bem como na **teoria de probabilidades**, aplicando-se **variâncias** e **covariâncias**. A desigualdade vai garantir que $(\sum a_h^2)(\sum b_h^2) \geq (\sum a_h b_h)^2$, de modo que a desigualdade chega à igualdade quando $\dfrac{b_h}{a_h} = k$ (constante).

Vamos considerar o teorema a seguir.

### Teorema 4.5

Na amostragem estratificada com a função custo linear, $V_{es}$ é mínimo para C' fixado ou C' é mínimo para $V_{es}$ fixado se

$$n_h = n \cdot \frac{\dfrac{W_h \sigma_h}{\sqrt{c_h}}}{\sum_{h=1}^{H} \dfrac{W_h \sigma_h}{\sqrt{c_h}}}$$

De acordo com o Teorema 4.5, o número ótimo de unidades do estrato $h$ é diretamente proporcional a $N_h \sigma_h$ e inversamente proporcional a $\sqrt{c_h}$.

Assim, é possível afirmar que:

(i) para C' fixado, o tamanho ótimo da amostra é dado por

$$n_h = C' \cdot \frac{\sum_{h=1}^{H} \dfrac{N_h \sigma_h}{\sqrt{c_h}}}{\sum_{h=1}^{H} N_h \sigma_h \sqrt{c_h}}$$

(ii) para $V_{es}$ fixado, o tamanho ótimo da amostra é dado por

$$n = \frac{1}{V_{es}} \cdot \left(\sum_{h=1}^{H} W_h \sigma_h \sqrt{c_h}\right) \cdot \left(\sum_{h=1}^{H} \frac{W_h \sigma_h}{\sqrt{c_h}}\right), \text{ em que } W_h = \frac{N_h}{N}$$

Assim, também é possível afirmar que, para o caso em que o custo da unidade observada em todos os estratos seja fixado em $c$, isto é, $C' = C - c_0 = n \cdot c$, a alocação ótima fica reduzida a

$$n_h = n \cdot \frac{N_h \sigma_h}{\sum_{h=1}^{H} N_h \sigma_h}$$

Nesse caso, $V_{es}$ é representado por e $V_{ot}$ reduz-se a

$$V_{ot} = \frac{1}{n}\left(\sum_{h=1}^{H} W_h \sigma_h\right)^2 = \frac{\overline{\sigma}^2}{n}, \text{ em que } \overline{\sigma} = \sum_{h=1}^{H} W_h \sigma_h$$

é o desvio-padrão médio em cada estrato.

A alocação $n_h = n \cdot \dfrac{N_h \sigma_h}{\sum_{h=1}^{H} N_h \sigma_h}$

é conhecida por *alocação de Neyman* e é caracterizada pelo fato de o número de unidades a serem observadas no estrato $h$ ser proporcional a $N_h \sigma_h$.

## Exercícios resolvidos

1) Todos os colaboradores de uma empresa foram listados em uma tabela e distribuídos pelos respectivos cargos:

| Cargo | Número de funcionários | Amostra |
|---|---|---|
| Gerentes | 8 | |
| Coordenadores | 32 | |
| Supervisores | 128 | |
| Atendentes | 640 | |
| **Total** | **808** | |

Obtenha uma amostra estratificada proporcional de 20% dos funcionários para a realização de uma pesquisa. Justifique os cálculos.

## Resolução

Descobrindo o tamanho total da amostra:

$$N = \frac{20}{100} \cdot 808 \rightarrow N = 161,6$$

Logo, $N = 162$.

Preenchendo a tabela para cada estrato, temos:

| Cargo | Número de funcionários | Amostra |
|---|---|---|
| Gerentes | 8 | $N = 20/100 \cdot 8 = 1{,}6 \rightarrow n = 2$ |
| Coordenadores | 32 | $N = 20/100 \cdot 32 = 6{,}4 \rightarrow n = 6$ |
| Supervisores | 128 | $N = 20/100 \cdot 128 = 25{,}6 \rightarrow n = 26$ |
| Atendentes | 640 | $N = 20/100 \cdot 640 = 128 \rightarrow n = 128$ |
| Total | 808 | 162 |

A amostra será composta, então, de 162 funcionários, sendo: 2 gerentes; 6 coordenadores; 26 supervisores; e 128 atendentes.

2) O ensino fundamental (EF) e o ensino médio (EM) de uma escola apresentam a seguinte distribuição de alunos para as séries:

| Série | Número de estudantes | | Amostra | |
|---|---|---|---|---|
| | Masculino | Feminino | Masculino | Feminino |
| EF – 5ª | 65 | 50 | | |
| EF – 6ª | 58 | 48 | | |
| EF – 7ª | 86 | 78 | | |
| EF – 8ª | 95 | 78 | | |
| EF – 9º | 50 | 60 | | |
| EM – 1º | 150 | 100 | | |
| EM – 2º | 140 | 90 | | |
| EM – 3º | 106 | 56 | | |
| Total | | | | |

Serão escolhidos 140 alunos para uma pesquisa. Tendo isso em vista, determine como deverá ser composta essa amostra.

### Resolução

Completando os totais (universo), temos:

| Série | Número de estudantes | | Amostra | |
|---|---|---|---|---|
| | Masculino | Feminino | Masculino | Feminino |
| EF – 5ª | 65 | 50 | | |
| EF – 6ª | 58 | 48 | | |
| EF – 7ª | 86 | 78 | | |
| EF – 8ª | 95 | 78 | | |
| EF – 9º | 50 | 60 | | |
| EM – 1º | 150 | 100 | | |
| EM – 2º | 140 | 90 | | |
| EM – 3º | 106 | 56 | | |
| Total | 750 | 560 | | |
| Total geral | 1 310 | | | |

Logo, a proporção para cada estrato fica: 140/1 310 = 0,10687.

Aplicando a proporção para os totais da amostra, temos:

| Série | Número de estudantes | | Amostra | |
|---|---|---|---|---|
| | Masculino | Feminino | Masculino | Feminino |
| EF – 5ª | 65 | 50 | | |
| EF – 6ª | 58 | 48 | | |
| EF – 7ª | 86 | 78 | | |
| EF – 8ª | 95 | 78 | | |
| EF – 9º | 50 | 60 | | |
| EM – 1º | 150 | 100 | | |
| EM – 2º | 140 | 90 | | |
| EM – 3º | 106 | 56 | | |
| Total | 750 | 560 | 0,10687 · 750 = 80,15 → 80 | 0,10687 · 560 = 59,85 → 60 |
| Total geral | 1310 | | 140 | |

Mantendo os totais de cada estrato (masculino e feminino), encontramos a quantidade para cada substrato multiplicando o número de estudantes sempre por 0,10687. Assim:

| Série | Número de estudantes | | Amostra | |
|---|---|---|---|---|
| | Masculino | Feminino | Masculino | Feminino |
| EF – 5ª | 65 | 50 | 6,9466 → 7 | 5,3435 → 6 |
| EF – 6ª | 58 | 48 | 6,1985 → 6 | 5,1298 → 5 |
| EF – 7ª | 86 | 78 | 9,1908 → 9 | 8,3359 → 8 |
| EF – 8ª | 95 | 78 | 10,1527 → 10 | 8,3359 → 8 |
| EF – 9º | 50 | 60 | 5,3435 → 6 | 6,4122 → 6 |
| EM – 1º | 150 | 100 | 16,030 → 16 | 10,687 → 11 |
| EM – 2º | 140 | 90 | 14,961 → 15 | 9,6183 → 10 |
| EM – 3º | 106 | 56 | 11,328 → 11 | 5,9847 → 6 |
| Total | 750 | 560 | 80 | 60 |
| Total geral | 1310 | | 140 | |

Perceba que foi feito um ajuste ao se aumentar 1 unidade para os menores substratos de cada estrato para completar a quantidade de 80 masculinos e 60 femininos.

A distribuição da amostra fica assim:

| Série | Amostra | |
|---|---|---|
| | Masculino | Feminino |
| EF – 5ª | 7 | 6 |
| EF – 6ª | 6 | 5 |
| EF – 7ª | 9 | 8 |
| EF – 8ª | 10 | 8 |
| EF – 9º | 6 | 6 |
| EM – 1º | 16 | 11 |
| EM – 2º | 15 | 10 |
| EM – 3º | 11 | 6 |
| Total | 80 | 60 |
| Total geral | 140 | |

3) (IBFC – 2022 – PC-BA) Sheila pretende obter uma amostra proporcional estratificada de 30 inquéritos abertos em 3 delegacias. O total de inquéritos são: 40 da delegacia A, 60 da delegacia B e 100 da delegacia C. Nessas condições, é correto afirmar que:

   a. o total de inquéritos abertos na delegacia A é igual a 9.
   b. o total de inquéritos abertos na delegacia B é igual a 12.
   c. o total de inquéritos abertos na delegacia C é igual a 16.
   d. o total de inquéritos abertos na delegacia A é menor que 7.
   e. o total de inquéritos abertos na delegacia C é maior que 16.

■ Resolução

A resposta correta é a alternativa "d". Para obtermos o resultado, devemos montar a seguinte tabela:

| Delegacia | Inquéritos | Amostra |
|---|---|---|
| A | 40 | $n = 30/200 \cdot 40 = 6 \rightarrow n = 6$ |
| B | 60 | $n = 30/200 \cdot 60 = 9 \rightarrow n = 9$ |
| C | 100 | $n = 30/200 \cdot 100 = 15 \rightarrow n = 15$ |
| Total | 200 | 30 |

4) (FGV – 2019 – DPE-RJ) Numa amostragem estratificada, a alocação das unidades amostrais pode ser realizada a partir de diferentes critérios. Sobre o assunto, cabe destacar que:

   a. o número de estratos depende do tamanho da amostra, devendo ser proporcional a esse;

b. na Alocação Ótima de Neyman, a amostra para cada estrato é proporcional, não às respectivas áreas, mas sim às variâncias ponderadas pelas áreas;

c. na amostra estratificada proporcional, o tamanho da amostra em cada estrato é definido pelo coeficiente de variação da variável de interesse naquele estrato;

d. a população deverá ser considerada finita ou infinita conforme o número planejado de estratos, não dependendo, portanto, do tamanho de cada um deles;

e. na Alocação Proporcional, a intensidade da amostra é definida com base na área de cada estrato, empregando, assim como na AAS, a estimativa da variância da amostra como um todo.

■ Resolução

A resposta correta é a alternativa "b". A alocação ótima de Neyman é proporcional às variâncias.

5) (Cespe/Cebraspe – 2013 – MPU) A população de uma cidade divide-se em três estratos: classe baixa (CB), com 25% da população; classe média (CM), com 60%; e classe alta (CA), com 15%. O desvio-padrão dos salários mensais das classes é R$ 400,00, R$ 600,00 e R$ 2.800/3, respectivamente. A fim de se estimar o salário mensal médio da população, escolhe-se uma amostra de tamanho $n$.

Com base nessas informações, julgue os itens subsequentes acerca da amostragem.

( ) A probabilidade de que uma amostra aleatória simples de tamanho n = 10 não contenha pessoas da CB é superior a 0,1%.

( ) Na amostragem aleatória estratificada com alocação proporcional aos tamanhos dos estratos, uma amostra de n = 400 pessoas deve contemplar 60 pessoas da CB, 240 da CM e 100 da CA.

( ) Considerando uma amostra estratificada de tamanho n = 600 com alocação ótima de Neyman, é correto afirmar que do estrato CM devem ser amostradas 360 pessoas.

■ Resolução

Em cada estrato, temos: $n_{CB} = n_1$; $n_{CM} = n_2$; $n_{CA} = n_3$

A alocação de Neyman se dá por $n_h = n \cdot \dfrac{N_h \cdot \sigma_h}{\sum_{h=1}^{H} N_h \sigma_h}$.

Assim:

$$n_1 = n \cdot \dfrac{N_1 \cdot \sigma_1}{N_1 \sigma_1 + N_2 \sigma_2 + N_3 \sigma_3}$$

$$n_1 = 1200 \cdot \frac{0,25N \cdot 400}{0,25N \cdot 400 + 0,60N \cdot 600 + 0,15N \cdot \frac{2800}{3}}$$

$n_1 = 200$

$$n_2 = n \cdot \frac{N_2 \cdot \sigma_2}{N_1\sigma_1 + N_2\sigma_2 + N_3\sigma_3}$$

$$n_2 = 1200 \cdot \frac{0,60N \cdot 600}{0,25N \cdot 400 + 0,60N \cdot 600 + 0,15N \cdot \frac{2800}{3}}$$

$n_1 = 720$

$$n_3 = n \cdot \frac{N_3 \cdot \sigma_3}{N_1\sigma_1 + N_2\sigma_2 + N_3\sigma_3}$$

$$n_3 = 1200 \cdot \frac{0,15N \cdot \frac{2800}{3}}{0,25N \cdot 400 + 0,60N \cdot 600 + 0,15N \cdot \frac{2800}{3}}$$

$n_1 = 280$

(V) Para n = 10, serão:

CB = 1,67 (16,7%)
CM = 6 (60%)
CA = 2,33 (23,3%)

A probabilidade de um deles não ser CB é de 83,3%.

Para que nenhum deles seja CB, tem-se probabilidade de 16,15%. Maior que 0,1%.

(F) Para n = 400, serão:

CB = 66,8 (16,7%)
CM = 140 (60%)
CA = 93,2 (23,3%)

(V) Para n = 600, serão:

CB = 100 (16,7%)
CM = 360 (60%)
CA = 140 (23,3%)

## Para saber mais

A alocação ótima de Neyman é de extrema importância para a amostragem aleatória estratificada. Para conhecer um pouco mais de sua história e também da história do estatístico Jerzy Neyman, recomendamos a leitura do texto a seguir.

SILVA, P. L. do N.; BIANCHINI, Z. M.; DIAS, A. J. R. Amostragem estratificada. In: SILVA, P. L. do N.; BIANCHINI, Z. M.; DIAS, A. J. R. **Amostragem**: teoria e prática usando R. Rio de Janeiro: [s.n.], 2021. Disponível em: <https://amostragemcomr.github.io/livro/estrat.html#>. Acesso em: 30 ago. 2023.

## Síntese

Neste capítulo, demonstramos que, quando a diversidade de uma população permite a definição de variáveis (características) significativas dentro dela, convém fazer a amostragem estratificada (AE) para conseguir analisá-la de modo mais próximo da realidade efetiva. Caso contrário, tratar uma grande diversidade de variáveis significativas como uma amostragem aleatória simples (AAS) pode mascarar os resultados na análise da população.

Além disso, esclarecemos que, ao optar pela AE, a alocação correta (proporcional, uniforme ou de Neyman) permite aprimorar ainda mais os resultados encontrados e seus referenciais de proporção para montar as conclusões a respeito da população.

## Questões para revisão

1) (Fundep – 2021 – CRM-MG) Considere que um estudo será realizado com uma amostra aleatória de **n** funcionários de um hospital para avaliar a satisfação deles no ambiente de trabalho. Cada um dos 800 funcionários do hospital foi classificado segundo sua renda (baixa, média e alta) e sexo (feminino e masculino). A tabela a seguir apresenta os resultados.

| Distribuição da população de funcionários no hospital | | | |
|---|---|---|---|
| Sexo | Renda | | |
| | Baixa | Média | Alta |
| Feminino | 240 | 160 | 100 |
| Masculino | 160 | 80 | 60 |

Usando a técnica de amostragem aleatória estratificada, com a renda e o sexo sendo as variáveis de estratos, foi obtida uma amostra de 36 funcionários do sexo feminino com baixa renda.

Se foi usada a alocação proporcional nos estratos, o tamanho da amostra **n** foi

a. 180.
b. 120.
c. 72.
d. 5

2) (IBFC – 2020 – EBSERH) A tabela indica o total de pessoas numa cidade e a faixa de idades entre elas.

| Faixa de Idade | até 25 anos | 26 a 50 anos | 51 a 75 anos | acima de 75 anos |
|---|---|---|---|---|
| Total de Pessoas | 75 000 | 52 000 | 38 000 | 35 000 |

Foi retirada uma amostra estratificada de 400 pessoas para uma pesquisa sobre a preferência da população nas eleições municipais. Desse modo, assinale a alternativa que apresenta o total de pessoas da amostra que **não** está na faixa até 25 anos. Considere a variável anos discreta.

a. 180
b. 200
c. 240
d. 300
e. 250

3) A respeito da alocação ótima de Neyman, é correto afirmar:

a. A amostra para cada estrato é proporcional às respectivas áreas.
b. A amostra para cada estrato é inversamente proporcional às variâncias ponderadas pelas áreas.
c. A amostra para cada estrato é proporcional às variâncias ponderadas pelas áreas.
d. A amostra para cada estrato é exclusiva para populações infinitas.
e. A amostra tem sua intensidade determinada considerando-se a área de cada estrato e aplicando-se a estimativa da variância da amostra como um todo, como ocorre na amostragem aleatória simples (AAS).

4) Cite três características da amostragem estratificada (AE) que sejam diferenciais e que revelem as vantagens em relação a outras propostas de amostragem.

5) Um instituto de pesquisa de opinião pública realizará uma consulta na região de um estado brasileiro que tem duas grandes cidades e uma zona rural. Como os elementos na população de interesse são todos os homens e mulheres do estado com idade acima de 21 anos, que tipo de amostragem você sugeriria nesse caso? Justifique sua resposta.

## Questão para reflexão

1) Um tribunal pretende pesquisar o tempo médio em que processos dos tipos familiar e trabalhista são solucionados. Suponha que os processos do tipo familiar sejam solucionados quase todos no mesmo tempo e que os do tipo trabalhista sejam solucionados com maior variação de tempo entre eles. São escolhidos $n$ processos de cada tipo, sendo o tamanho amostral desprezível com relação ao tamanho populacional. O que se pode concluir ao comparar a variância do estimador de média da amostragem estratificada (AE) e da amostragem aleatória simples com reposição (AASc)? Justifique sua resposta.

## Conteúdos do capítulo:

- Descrição do plano amostral.
- Vantagens e desvantagens da amostragem sistemática.
- Diferenças entre amostragem sistêmica (AS) e amostragem estratificada (AE).
- Estimativa da média e da variância da média amostral.

## Após o estudo deste capítulo, você será capaz de:

1. entender a definição e o plano amostral da amostragem sistemática;
2. elencar as vantagens e as desvantagens da amostragem sistemática;
3. comparar as amostragens sistemática e estratificada;
4. trabalhar com os estimadores de média e variância da amostragem sistemática.

# 5
# Amostragem sistemática

Neste capítulo, abordaremos os casos para os quais a melhor amostragem é a sistemática. Demonstraremos como são calculados todos os seus parâmetros e examinaremos os respectivos significados.

## O que é?

Uma amostragem sistemática é uma das opções de amostragem probabilística em que, por meio da seleção aleatória do primeiro elemento para a amostra, são selecionados os itens subsequentes, utilizando-se intervalos fixos ou sistemáticos até que seja alcançado o tamanho da amostra desejado.

Em uma população de N elementos, será montada uma amostra de $n$ elementos, de modo que $N = k \cdot n$, em que $k$ representa a quantidade de grupos que serão formados. Em situações em que $k$ não é valor inteiro, escolhe-se o maior inteiro menor do que $k$. Numerando os elementos da população de 1 a N, escolhe-se, por amostragem aleatória simples (AAS), um dos elementos de 1 a $k$. A posição $t \in \{1, 2, 3, ..., k\}$, ocupada pelo elemento escolhido, será repetida em cada um dos $n$ grupos de mesmo tamanho $k$. Com todas as escolhas feitas, obtém-se a amostra de $n$ elementos (um elemento de cada grupo).

A Figura 5.1 indica a listagem com os elementos da população e a escolha dos elementos (definida pela cor) que comporão a amostra montada por amostragem sistemática.

**Figura 5.1** – Amostragem sistemática

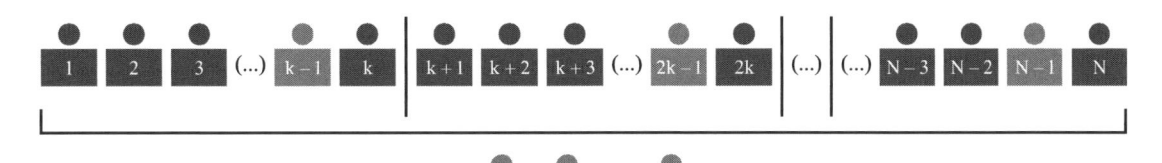

## 5.1 Descrição do plano amostral

O plano amostral da amostragem sistemática tem cinco passos:
1. definição da população (N);
2. definição do tamanho da amostra (n);
3. cálculo do tamanho de cada grupo (k), sendo N = k · n, em que *k* representa a quantidade de grupos que serão formados;
4. escolha, por AAS, de um dos elementos de posição $\iota \in \{1, 2, 3, ..., k\}$;
5. utilização da posição $\iota$ escolhida para todos os grupos
   [1, k]; [(k+1), 2k]; [(2k + 1), 3k]; ...; [(N − k + 1), N],
   com *k* elementos. As posições escolhidas serão: $\iota$; $(\iota + k)$; $(\iota + 2k)$; ...; $(N − k + \iota)$.

### Exemplo 5.1
Considere uma população de 2 mil elementos (N = 2 000). A partir dela, será formada uma amostra de 100 elementos (n = 100). Portanto, N = k . n → 2 000 = k · 100 → 20 = k.

Numerando-se os elementos da população {1, 2, 3, ..., 2 000} e escolhendo-se um entre os elementos de posição {1, 2, 3, ..., 20}, por exemplo, $\iota = 7$, essa mesma posição será aplicada em todos os grupos de 20 elementos formados. Na população de posições {1, 2, 3, ..., 2 000}, as posições escolhidas serão {7, 27, 47, ..., 1 967, 1 987} e formarão a amostra de 100 elementos.

## 5.2 Vantagens e desvantagens da amostragem sistemática

Vamos imaginar a situação do exemplo apresentado a seguir.

### Exemplo 5.2

**Seleção de uma amostra sistemática**

A junta comercial de determinado estado brasileiro registra as empresas de produtos alimentícios com códigos que vão de 122 335 a 150 780. Pretende-se selecionar uma amostra aleatória de 350 dessas empresas. Informações como tamanho da empresa (quantidade de funcionários, valores dos impostos etc.), tipos de produtos alimentícios, localização geográfica no estado em questão, tempo de existência, entre outras, não serão levadas em conta na seleção que será feita. O objetivo da amostra será uma análise em que a única necessidade a ser observada é que seja uma empresa de produtos alimentícios localizada no estado.

A falta de necessidade de características mais específicas na amostra sugere como opção a AAS; porém, com a numeração de que a junta comercial já dispõe em seu sistema, o tamanho exato da população já está especificado e, assim, a amostragem sistêmica (AS) torna-se uma opção viável, barata e rápida.

A situação ficaria com os seguintes valores: N = 28 446 e n = 350.
Assim: N = k . n → 28 446 = k · 350 → 81,27 = k → k ∈ Z → k = 81
Os grupos formados, usando-se os códigos da junta, seriam:
[122 335, 122 415]; [122 416, 122 496]; ...; [150 700, 150 780]
Se, por exemplo, a posição escolhida for $\iota = 7$, as empresas do estado que farão parte da amostra serão aquelas com os códigos: {122 366; 122 447; 122 528; ...; 150 731}.

A definição do método de amostragem é determinante para que o resultado encontrado traga a confiabilidade necessária. Além disso, as viabilidades técnica e logística, além dos custos de todo o processo, precisam ser consideradas na decisão.

Quanto à AS, veremos mais detalhadamente suas vantagens e desvantagens a seguir.

### 5.2.1 Vantagens da AS

As principais vantagens da AS são as seguintes:
1. **Facilidade de execução e compreensão:** o plano amostral é simples e pode ser feito, se for o caso, manualmente, com uma listagem dos elementos da população.
2. **Controle do processo:** a facilidade de execução é marcada por um processo rápido. O pouco tempo gasto na montagem da amostra propicia controle para os pesquisadores e estatísticos responsáveis.
3. **Minimização da seleção agrupada:** a seleção agrupada ocorre quando a amostra tem elementos com características marcantes comuns. No Exemplo 5.2, se dois sócios registrarem duas empresas do mesmo grupo na junta comercial, elas terão códigos consecutivos. Em uma AAS poderiam ser escolhidas as duas, ao passo que na AS isso não é viável.
4. **Baixo risco:** as mesmas características que fazem da AS um processo fácil e controlado geram um baixo risco de contaminação dos dados coletados.

### 5.2.2 Desvantagens da AS

As principais desvantagens da AS são as seguintes:
1. **Necessidade de determinação do tamanho populacional:** sem saber exatamente o valor da população, não é possível definir um marco inicial para selecionar, por AS, os elementos da amostra.
2. **População naturalmente aleatória:** a população na qual será aplicada a AS precisa ter uma composição naturalmente aleatória. Todo tipo de padrão que permite formação não intencional de estratos compromete a aplicação da AS. Assim como a presença de tendências ou periodicidade, pode-se superestimar (ou subestimar) a variância (dispersão) dos elementos.

3. Facilidade de manipulação: a partir do segundo elemento escolhido por AS, as posições dos elementos que farão parte da amostra passam a compor uma progressão aritmética (PA) de razão $k$. Essa característica do método permite a manipulação para inclusão ou exclusão de algum elemento na amostra, comprometendo, assim, a aleatoriedade necessária.

## 5.3 Comparação entre AS e AE

Comparar os planos amostrais dos dois métodos é o melhor caminho para que se percebam as diferenças entre eles. Vamos relembrar as características de cada plano.

O plano amostral da amostragem estratificada (AE) conta com quatro passos:
1. definir o(s) critério(s) de estratificação;
2. formar os estratos conforme o(s) critério(s);
3. escolher o método (o ideal é a AAS) para, em cada estrato, escolher os elementos que vão compor a amostra;
4. formar a amostra com as escolhas de cada estrato.

Já o plano amostral da AS tem cinco passos:
1. definir a população (N);
2. definir o tamanho da amostra (n);
3. calcular o tamanho de cada grupo (k), sendo $N = k \cdot n$, em que $k$ representa a quantidade de grupos que serão formados;
4. escolher por AAS um dos elementos de posição $\iota \in \{1, 2, 3, ..., k\}$.
5. usar a posição escolhida para todos os grupos
[1, k]; [(k + 1), 2k]; [(2k + 1), 3k]; ...; [(N − k + 1), N] com $k$ elementos – as posições escolhidas serão: $\iota$; $(\iota + k)$; $(\iota + 2k)$; ...; $(N − k + \iota)$.

Na comparação dos métodos, o início de cada um deles é o ponto mais marcante. Enquanto a AE dá enfoque às características marcantes e relevantes dos elementos da população e inicia pela separação e formação dos estratos, a AS considera apenas uma listagem dos elementos da população que serão numerados (caso já não sejam numerados, como no Exemplo 5.2), independentemente de características, fazendo a separação dos grupos no último passo.

Os dois métodos caminham pela divisão da população em grupos e, por meio deles, serão feitas escolhas para comporem a amostra. Como consequência do início, enquanto na AS cada grupo formado tem a mesma quantidade de elementos (casos em que N/n é um valor inteiro) ou quantidades muito próximas (casos em que N/n não é um valor inteiro), na AE o tamanho dos grupos é diversificado, podendo haver grandes diferenças entre eles.

Outra comparação importante é que na AS é escolhido um único elemento de cada grupo, ao passo que na AE a quantidade escolhida é proporcional ao tamanho do grupo para que a representatividade do estrato na população seja mantida na amostra.

## 5.4 Estimativa da média e da variância da média amostral

Considerando uma população ordenada de 1 a N, escrevemos o seguinte para estimar a média: $D = (Y_1, ..., Y_k, Y_{k+1}, ..., Y_{2k}, Y_{2k+1}, ..., Y_{3k}, ..., Y_{N-k+1}, ..., Y_N)$. Isso pode ser representado por uma matriz com média $\mu$.

$$\begin{pmatrix} y_1 & y_2 & \cdots & y_k \\ y_{k+1} & y_{k+2} & \cdots & y_{2k} \\ y_{2k+1} & y_{2k+2} & \cdots & y_{3k} \\ \cdots & \cdots & \cdots & \cdots \\ y_{N-k+1} & y_{N-k+2} & \cdots & y_N \end{pmatrix}$$

Sendo $\bar{y}_{sis}$ o estimador não viciado da média da AS, temos $E[\bar{y}_{sis}] = \mu$.

Sendo $\mathrm{Var}[\bar{y}_{sis}] = \dfrac{1}{N} \cdot \sum_{i=1}^{N}(y_i - \mu)^2$, temos $\widehat{V}_s = \dfrac{1}{N-1} \cdot \sum_{I=1}^{N}(y_i - \bar{y}_{sis})^2$

para o estimador não viciado da variância.

### Exercícios resolvidos

1) Em um grupo de 20 fichas numeradas de 1 a 20, monte uma amostra sistemática com 4 fichas.

#### Resolução

I. Divida o tamanho da população (20) pelo tamanho da amostra (4). Assim, 20/4 = 5. O valor encontrado corresponde ao valor da razão de uma PA.
II. Escolha aleatoriamente uma das fichas de 1 a 5 (ficha $k$).
III. Some a razão da PA encontrada (5) ao número da ficha sorteada para encontrar a próxima ficha: k + 5.
IV. Some a razão da PA até que sejam obtidas as 4 fichas da amostra, ou seja, a amostra será composta pelas fichas {k, k + 5, k + 10, k + 15}, para 1 ≤ k ≤ 5.

A amostra poderá ser formada, por exemplo, pelas fichas {2, 7, 12, 17} ou {4, 9, 14, 19}.

2) A produção de uma empresa é de 450 unidades. Uma amostra sistemática de tamanho 30 será extraída de uma produção, começando pela peça de número 10. Assinale a alternativa correspondente aos números das cinco primeiras peças.

   a. 10, 25, 40, 55, 70.
   b. 10, 15, 20, 15, 30.
   c. 10, 12, 14, 16, 18.
   d. 10, 20, 30, 40, 50.

■ Resolução

   I. Divida o tamanho da população (450) pelo tamanho da amostra (30). Assim, 450/30 = 15. O valor encontrado corresponde ao valor da razão de uma PA.
   II. Escolha aleatoriamente uma das peças de 1 a 15 – no caso, a peça 10.
   III. Some a razão da PA encontrada (5) ao número da peça sorteada para encontrar a próxima peça: 10 + 15.
   IV. Some a razão da PA até que sejam obtidas as peças da amostra, ou seja, a amostra será composta pelas peças {10, 25, 40, 55, 70}.

   A resposta correta é a alternativa "a".

3) Uma indústria de *tablets* produz 8.700 máquinas por mês, numeradas de (0001 a 8700). O setor responsável pela qualidade necessita de uma amostra sistemática de 30 equipamentos para teste. Sabendo que a primeira máquina selecionada foi a número 0012, liste os primeiros 10 *tablets* que foram selecionados.

■ Resolução

   - Divida o tamanho da população (8 700) pelo tamanho da amostra (30). Assim, 8 700/30 = 290. O valor encontrado corresponde ao valor da razão de uma PA.
   - Escolha aleatoriamente uma das peças de 0001 a 0290 – no caso, a peça 0012.
   - Some a razão da PA encontrada (5) ao número da peça sorteada para encontrar a próxima peça: 0012 + 290.
   - Some a razão da PA até que sejam obtidas as peças da amostra, ou seja, a amostra será composta pelos *tablets* {0012, 0302, 0592, 0882, 1172, 1462, 1752, 2042, 2332, 2622, ...}.

4) Diferencie amostragem aleatória simples (AAS) de amostragem sistêmica (AS).

▪ Resolução

A AAS é mais bem aplicada nas situações em que a população é homogênea e enumerável. A AS pode ser usada em populações homogêneas, mas que permitam a sistematização na escolha dos elementos a partir do segundo elemento (por exemplo, numerar de 1 a N e determinar a razão da numeração para o tamanho da amostra desejada).

Quando a sistematização não for possível (custos, tempo, equipamentos etc.), é preferível a aleatoriedade promovida pela AAS.

5) (Fundatec – 2021 – Prefeitura de Porto Alegre-RS) Assinale a alternativa que indica uma desvantagem da técnica de amostragem sistemática.

   a. Não ser probabilística.
   b. Exigir grandes tamanhos de amostragem.
   c. Podem ocorrer problemas se existir algum tipo de periocidade oculta.
   d. Alta complexidade.
   e. Erro elevado.

▪ Resolução

A resposta correta é a alternativa "c": a periodicidade oculta de uma população é o maior risco da utilização da AS.

## Para saber mais

Para se aprofundar um pouco mais no estudo da amostragem sistemática, leia o texto indicado a seguir.
PALU, C. et al. **Amostragem probabilística sistemática**. Disponível em: <https://docs.ufpr.br/~ricardo.valgas/amostragem/sistematica.pdf>. Acesso em: 30 ago. 2023.

> ## Síntese
>
> Neste capítulo, esclarecemos que a amostragem sistêmica (AS) consiste, em uma população de N elementos, em montar uma amostra de $n$ elementos, de modo que $N = k \cdot n$, em que $k$ representa a quantidade de grupos a serem formados. Em situações em que $k$ não é um valor inteiro, escolhe-se o maior inteiro menor do que $k$. Numerando os elementos da população de 1 a N, escolhe-se, por amostragem aleatória simples (AAS), um dos elementos de 1 a $k$. A posição $\iota \in \{1, 2, 3, ..., k\}$, ocupada pelo elemento escolhido, será repetida em cada um dos $n$ grupos de mesmo tamanho que $k$.
>
> Conforme demonstramos, a simplicidade que gera baixo custo do plano amostral – assim como a apresentação de resultados muito próximos quando comparados aos encontrados em outros métodos, que podem ser mais complexos e custosos – faz a AS ser o método escolhido pelo analista responsável.

## Questões para revisão

1) (Esaf – 2012 – MI) Para selecionar uma amostra aleatória de tamanho n de uma população formada por N unidades, que são numeradas de 1 a N segundo uma certa ordem, escolhe-se aleatoriamente uma unidade entre as k primeiras unidades da população, onde k = N / n e seleciona-se cada k-ésima unidade da população em sequência. Esta técnica de amostragem denomina-se amostragem

   a. sistemática.
   b. por etapas.
   c. estratificada.
   d. por conglomerados.
   e. por quotas.

2) (Cetap – 2009 – Detran-RS) Considere que em uma determinada população será aplicado o método de amostragem sistemática. Sabe-se que a população tem 120.000 elementos e a amostra selecionada é de 1.200 elementos.

   Quais os 5 (cinco) elementos iniciais selecionados, considerando que o "chute inicial" de seleção dos elementos é 20?

   a. 20; 220; 420; 620; 820.
   b. 10; 50; 90; 130; 170.
   c. 10; 100; 200; 300; 400.
   d. 20; 40; 60; 80; 100.
   e. 20; 120; 220; 320; 420.

3) (AOCP – 2018 – Susipe/PA) Uma clínica tem interesse em estudar certas características de seus pacientes, cujas fichas de cadastro estão enumeradas, consecutivamente, de 511 a 973. Destes, deve ser selecionada uma amostra aleatória de 25 pacientes. Responda: qual é o número de elementos dessa população e qual é o melhor método de amostragem nesse caso?

   a. 464; amostragem aleatória simples.
   b. 464; amostragem sistemática.
   c. 463; amostragem sistemática.
   d. 463; amostragem por conglomerado.
   e. 464; amostragem estratificada.

4) Considere uma população em que os elementos foram selecionados por um sistema preestabelecido imposto pelo pesquisador. Qual é o nome do tipo de amostragem? Justifique.

5) De 30 mil operações realizadas por uma empresa de tecnologia durante um ano, serão selecionadas 400 pela auditoria contratada. Por meio de uma amostragem sistemática (AS), descreva um possível processo que a auditoria poderá realizar.

## Questão para reflexão

1) A rua de uma cidade tem apenas casas, e todos os terrenos têm construções com moradores. O departamento de urbanismo numerou as 500 casas da rua usando todos os números ímpares iniciando em 1001. Foi necessário escolher uma amostra de 20 casas para realizar uma pesquisa com os moradores e optou-se pela amostragem sistemática (AS). Determine os números das casas considerando as seguintes situações:

   a. A de menor número escolhida foi a casa 1007.
   b. A de menor número escolhida foi a casa $k$.

## Conteúdos do capítulo:

- Conceito de conglomerado.
- Eficiência da amostragem por conglomerados com base em exemplos.
- Principais ideias sobre amostragem por conglomerados.
- Descrição do plano amostral.
- Comparação entre amostragem aleatória por conglomerados e amostragem sistemática (AS).

## Após o estudo deste capítulo, você será capaz de:

1. perceber quais tipos de população têm conglomerados que permitem a utilização do método de amostragem aleatória por conglomerados;
2. identificar a eficiência do método de amostragem aleatória por conglomerados;
3. aplicar o plano amostral do método de amostragem aleatória por conglomerados;
4. comparar o método de amostragem aleatória por conglomerados com outros métodos amostrais.

# 6
# Amostragem aleatória por conglomerados

Neste capítulo, trabalharemos com a identificação dos casos para os quais a melhor amostragem é a por conglomerados. Veremos como são calculados todos os seus parâmetros e analisaremos os respectivos significados.

## O que é?

A amostragem por conglomerados é um método aplicado quando os grupos que formam a população são muito semelhantes entre si, de modo que não há grande diferença entre estudar os indivíduos de um grupo ou de outro. Da mesma maneira, se a composição da amostra final da população for feita com os elementos dos grupos escolhidos, a aleatoriedade e a heterogeneidade trará segurança para a pesquisa.

A figura a seguir apresenta a estratégia de amostragem por conglomerados. Nela, os estados brasileiros são os conglomerados, e o Estado do Amazonas foi o escolhido entre eles para que todos os seus elementos componham a amostra.

**Figura 6.1** – Exemplo de amostragem por conglomerados

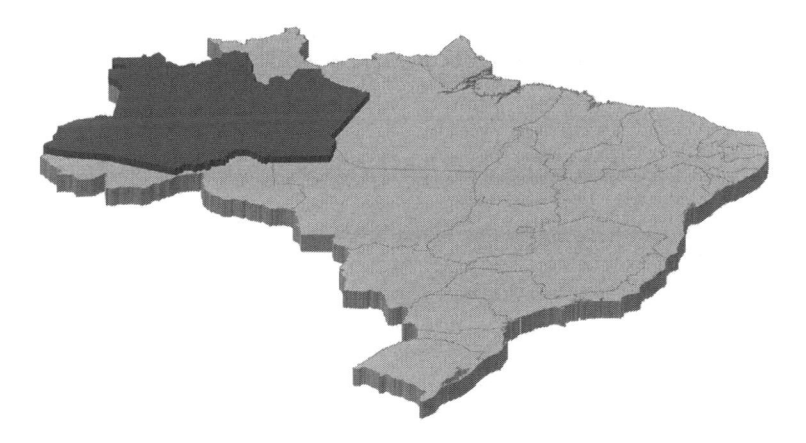

Schwabenblitz/Shutterstock

Conglomerado é algo que se compõe em partes, de origem ou tipos diversos, as quais se apresentam reunidas. Há o conglomerado empresarial, por exemplo, que é formado por empresas de ramos diferentes que atuam em conjunto para um único projeto e/ou estrutura, chamada de *holding*.

Na estatística, conglomerados são grupos separados dentro da população por localização geográfica. Em cada grupo, seleciona-se uma amostragem aleatória que vai compor a amostragem da pesquisa. Os elementos de um conglomerado são heterogêneos com diversificação relevante e sem intencionalidade de características (amostragem estratificada) nem estabelecimento de ordem (amostragem sistemática).

## 6.1 Eficiência da amostragem por conglomerados com base em exemplos

Quando a atualização dos sistemas de referência tem um custo muito elevado ou a movimentação para acessar os elementos da população é difícil ou custosa, a estratégia dos conglomerados (*clusters*) facilita o processo de amostragem.

### Exemplo 6.1

Um estatístico está trabalhando na campanha eleitoral de um candidato a governador do Amapá. Para saber a intenção de votos, ele separou as regiões administrativas do estado (cidades) e selecionou aleatoriamente algumas cidades. Além disso, fez a pesquisa com os moradores das cidades escolhidas que têm título de eleitor.

A aleatoriedade na escolha em cada cidade pode ser definida por sistemas presenciais ou virtuais, trazendo baixo custo e a heterogeneidade de que a pesquisa necessita.

### Exemplo 6.2

O *site* Padrinho Nota 10 (2023) traz uma listagem de 19 abrigos para crianças na cidade de Curitiba/PR. Se houver uma pesquisa sobre crianças que moram em abrigos na cidade, a amostragem por conglomerados escolherá aleatoriamente alguns dos abrigos e consultará todas as crianças dos abrigos escolhidos. O custo será baixo, pois o formulário da pesquisa será enviado para a direção de cada abrigo, que dará o formulário para as crianças responderem. Haverá representantes das regiões geográficas aleatórias da cidade e de realidades diversificadas, tal como ocorre com a população de uma capital brasileira.

### Exemplo 6.3

Um empresário local quer fazer um teste de *marketing* para o produto que fabrica, na cidade sede da empresa. Pela amostragem por conglomerados, ele separa as residências por código de endereçamento postal (CEP) da cidade e seleciona alguns deles. Envia produtos de brinde com um questionário (físico ou *on-line*) para ser respondido pelos moradores selecionados. O baixo custo dos brindes (custo de fabricação) e do transporte (dentro da cidade em que são fabricados) e a heterogeneidade geográfica aleatória e, consequentemente, social fazem da pesquisa uma ferramenta confiável.

### Exemplo 6.4

Uma multinacional deseja estimar o percentual de peças defeituosas fabricadas em sua linha de produção em todas as unidades. Pela amostragem por conglomerados, escolhem-se algumas das ilhas da linha de montagem e pede-se o levantamento percentual de defeitos. A solicitação pode ser feita por comunicação interna da empresa, ao passo que o levantamento (contagem) de peças defeituosas e do respectivo percentual poderá ser feito pelos próprios colaboradores de cada ilha selecionada. O baixo custo e a heterogeneidade entre as ilhas conferem confiabilidade à pesquisa.

## 6.2 Principais ideias sobre amostragem por conglomerados em uma etapa

A divisão da amostragem por conglomerados é feita de modo que os elementos pertencentes a cada conglomerado sejam diferentes entre si (em geral, os conglomerados também são diferentes entre si, embora essa diferença tenda a ser menor do que dentro de cada conglomerado). Em outras palavras, cada conglomerado deve ser uma representação da população como um todo. Sorteia-se determinado número de conglomerados, segundo algum plano apropriado – por exemplo, amostragem aleatória simples com reposição (AASc) ou amostragem aleatória simples sem repetição (AASs) –, e observam-se todos os elementos de cada um dos conglomerados sorteados.

Sobre as estatísticas de uma amostragem por conglomerados em uma etapa, confira os exemplos apresentados a seguir.

### Exemplo 6.5

Considere a população $\Omega = \{1, 2, 3, 4, 5, 6\}$, cujo vetor de dados associado é $D = (12, 7, 9, 14, 8, 10)$. A pesquisa consiste em sortear dois conglomerados sem reposição e entrevistar todos os elementos dos conglomerados.

Organizando a população por conglomerados, temos, por exemplo: $\Omega = \{(1), (2,3,4), (5,6)\}$, de modo que $C_1 = \{1\}$; $C_2 = \{2,3,4\}$; $C_3 = \{5,6\}$.

O espaço amostral fica da seguinte maneira:

S = {$C_1 C_2, C_1 C_3, C_2 C_1, C_2 C_3, C_3 C_1, C_3 C_2$}, que pode ser representado por
S = {1234,156,2341,23456,561,56234}, definindo
$s_1$ = {1,2,3,4}; $s_2$ = {1,5,6}; $s_3$ = {2,3,4,1}; $s_4$ = {2,3,4,5,6}; $s_5$ = {5,6,1}; $s_6$ = {5,6,2,3,4},

Da população e de seu vetor associado, temos: $\mu = 10$; $\sigma^2 = 5{,}67$. Das amostras, por sua vez, temos: $\bar{y}(s_1) = 10{,}5$; $\bar{y}(s_2) = 10$; $\bar{y}(s_3) = 10{,}5$; $\bar{y}(s_4) = 9{,}6$; $\bar{y}(s_5) = 10$; $\bar{y}(s_6) = 9{,}6$.

## 6.3 Descrição do plano amostral

O plano amostral da amostragem por conglomerados conta com quatro passos:
1. definição da população;
2. definição dos conglomerados;
3. sorteio aleatório por amostragem aleatória simples (AAS) de alguns dos conglomerados;
4. montagem da amostra com todos os elementos dos conglomerados selecionados.

O segundo passo, por vezes, passa por uma análise mais detalhada para a definição.

### Exemplo 6.6

Utilizando a mesma população de vetor associado do Exemplo 6.5, é possível fazer as seguintes conjecturas de conglomerados:

$$\Omega_A = \{(2,5); (3,6); (1,4)\} \rightarrow \begin{cases} \mu_1 = 7{,}5; \ s_1^2 = 0{,}5 \\ \mu_2 = 9{,}5; \ s_2^2 = 0{,}5 \\ \mu_3 = 13{,}0; \ s_3^2 = 2{,}0 \end{cases} \rightarrow E_A[\bar{y}] = 10; \ Var_A[\bar{y}] = \frac{16}{3}$$

$$\Omega_B = \{(2,6); (1,5); (3,4)\} \rightarrow \begin{cases} \mu_1 = 8{,}5; \ s_1^2 = 4{,}5 \\ \mu_2 = 10{,}0; \ s_2^2 = 8{,}0 \\ \mu_3 = 11{,}5; \ s_3^2 = 12{,}5 \end{cases} \rightarrow E_B[\bar{y}] = 10; \ Var_B[\bar{y}] = \frac{4{,}5}{3}$$

$$\Omega_C = \{(2,4); (1,5); (3,6)\} \rightarrow \begin{cases} \mu_1 = 10{,}5; \ s_1^2 = 24{,}5 \\ \mu_2 = 10{,}0; \ s_2^2 = 8{,}0 \\ \mu_3 = 9{,}5; \ s_3^2 = 0{,}5 \end{cases} \rightarrow E_C[\bar{y}] = 10; \ Var_C[\bar{y}] = \frac{0{,}5}{3}$$

A melhor distribuição dos conglomerados é a C, visto que tem menor variância, ou seja, é mais eficiente.

## 6.4 Comparação com a amostragem sistemática

Os dois sistemas, a amostragem aleatória por conglomerados e a AS, são de baixo custo e o tempo gasto para execução é pequeno. Enquanto a AS trabalha com todos os elementos da população, fazendo seu ranqueamento posicional e deixando a aleatoriedade para a primeira escolha de um elemento, a amostragem por conglomerados trabalha com os grupos (*clusters*) e aplica a aleatoriedade na escolha destes, contando com a heterogeneidade existente em cada um deles.

Quanto aos riscos, a AS apresentará resultados duvidosos se o ciclo de escolha (distância entre as posições) não for a única característica cíclica que o ranqueamento indicar. Já a amostragem por conglomerados terá seu resultado comprometido se a heterogeneidade nos conglomerados escolhidos for pequena ou muito diferente da população.

### Exercícios resolvidos

1) (Cetap – 2021 – Seplad) Considerando as definições sobre amostragem, analise os itens seguintes sobre as características das técnicas de amostragem, e marque a alternativa correta:

   I. A amostragem aleatória simples pode ser realizada numerando-se a população de interesse de 1 a n e sorteando-se, a seguir, por meio de um dispositivo aleatório.
   II. A amostragem proporcional estratificada trata-se de um método probabilístico em que a população é dividida em grupos com base em sua localização geográfica. Em seguida, uma amostra aleatória de cada grupo é selecionada para a pesquisa, de forma natural.
   III. A amostragem sistemática é recomendada quando os elementos da população já se acham ordenados, assim, a seleção dos elementos amostrais pode ser feita por um sistema imposto pelo pesquisador.
   IV. A amostragem por conglomerado facilita a tarefa amostral, quando o deslocamento, para identificar as unidades elementares em campo, é dispendioso.

   **a.** Apenas os itens II, III e IV estão corretos.
   **b.** Apenas os itens I, III e IV estão corretos.
   **c.** Apenas os itens I, II e III estão corretos.
   **d.** Apenas os itens I, II e IV estão corretos.

### Resolução

A resposta correta é a alternativa "b". A afirmação II é a única **falsa**. O texto restringiu a aplicação da amostragem estratificada com base na localização geográfica, o que não é a realidade – embora seja um possível caso de aplicação, não é o único.

2) (FGV – 2021 – Funsaúde-CE) Avalie se os seguintes tipos de amostragem são probabilísticos.

   I. Amostragem estratificada.
   II. Amostragem por conglomerados.
   III. Amostragem sistemática.

   Assinale a opção que indica as *amostragens probabilísticas*.

   a. I, apenas.
   b. I e II, apenas.
   c. I e III, apenas.
   d. II e III, apenas.
   e. I, II e III.

### Resolução

A resposta correta é a alternativa "e". Os três tipos de amostragem são probabilísticos.

3) (Iades – 2018 – SES-DF) A respeito de um plano amostral com base na amostragem por conglomerados, assinale a alternativa correta.

   a. A população é dividida em subgrupos de unidades que devem ter maior homogeneidade possível em relação à variável de interesse.
   b. A variância do estimador será sempre menor que a do estimador obtido por amostragem aleatória simples.
   c. Trata-se de uma amostragem não probabilística.
   d. Esse plano amostral raramente é utilizado, pois tem um custo maior que a amostragem aleatória simples.
   e. Essa amostra pode ser realizada em dois estágios; no primeiro estágio, é selecionada uma amostra de subgrupos e, no segundo estágio, é selecionada uma amostra de unidades em cada subgrupo.

■ Resolução

A resposta correta é a alternativa "e". A alternativa *"a"* é falsa porque o referencial da amostragem por conglomerado não é a homogeneidade dos pesquisados. Há interesse apenas pela escolha aleatória de subgrupos. A característica de homogeneização ou não é uma consequência. Já a alternativa "b" está incorreta porque nem sempre isso ocorre. Como não é considerado o perfil dos entrevistados, mas apenas a qual conglomerado eles pertencem, a variância pode ser menor ou maior do que a da AAS. A alternativa "c", por sua vez, está incorreta porque se trata de uma amostragem probabilística. Por fim, a alternativa "d" está incorreta porque se trata de um plano amostral bastante utilizado.

4) (Cespe/Cebraspe – 2018 – PF) Uma pesquisa realizada com passageiros estrangeiros que se encontravam em determinado aeroporto durante um grande evento esportivo no país teve como finalidade investigar a sensação de segurança nos voos internacionais. Foram entrevistados 1.000 passageiros, alocando-se a amostra de acordo com o continente de origem de cada um – África, América do Norte (AN), América do Sul (AS), Ásia/Oceania (A/O) ou Europa. Na tabela seguinte, $N$ é o tamanho populacional de passageiros em voos internacionais no período de interesse da pesquisa; $n$ é o tamanho da amostra por origem; $P$ é o percentual dos passageiros entrevistados que se manifestaram satisfeitos no que se refere à sensação de segurança.

| Origem | $N$ | $n$ | $P$ |
|---|---|---|---|
| África | 100.000 | 100 | 80 |
| AN | 300.000 | 300 | 70 |
| AS | 100.000 | 100 | 90 |
| A/O | 300.000 | 300 | 80 |
| Europa | 200.000 | 200 | 80 |
| **Total** | **1.000.000** | **1.000** | $P_{pop}$ |

Em cada grupo de origem, os passageiros entrevistados foram selecionados por amostragem aleatória simples. A última linha da tabela mostra o total populacional no período da pesquisa, o tamanho total da amostra e $P_{pop}$ representa o percentual populacional de passageiros satisfeitos.

A partir dessas informações, julgue o próximo item.

Na situação apresentada, o desenho amostral é conhecido como amostragem aleatória por conglomerados, visto que a população de passageiros foi dividida por grupos de origem.

( ) Certo
( ) Errado

■ Resolução

Errado. O plano amostral aplicado trata da amostragem estratificada e não da amostragem por conglomerados.

5) (Ministério da Defesa – 2017 – Marinha do Brasil) Com relação aos planos de amostragem por conglomerados, é correto afirmar que:

   a. seu nível de eficiência aumenta à medida que aumenta a similaridade entre os elementos dentro de um mesmo conglomerado.
   b. facilitam a tarefa amostral quando o deslocamento, para identificar as unidades elementares em campo, é dispendioso.
   c. se caracterizam pelo fato de a unidade elementar coincidir com a unidade amostral.
   d. a variância amostral costuma ser menor que a de planos de amostragem aleatória simples ou estratificada.
   e. são sempre conduzidos em múltiplos estágios.

■ Resolução

A resposta correta é a alternativa "b". A letra "a" está incorreta porque o nível de eficiência diminui com o aumento da homogeneidade, havendo o risco de não representar bem a população. Já a alternativa "c" é falsa porque a unidade da amostra são os conglomerados. A unidade elementar são os entrevistados que compõem cada conglomerado selecionado. A alternativa "d" está incorreta porque nem sempre isso ocorre. Como não é considerado o perfil dos entrevistados, mas apenas a qual conglomerado eles pertencem, a variância pode ser menor ou maior do que a da amostragem estratificada. Por fim, a alternativa "e" está incorreta porque nem sempre isso ocorre. Haverá situações de múltiplos estágios ou de apenas um estágio.

## PARA SABER MAIS

No *link* indicado a seguir, é possível acompanhar o passo a passo de uma amostragem por conglomerado. Com certeza a leitura vai enriquecer seu aprendizado sobre esse método de amostragem.

ALENCAR, A. P. **Amostragem por conglomerados**. São Paulo: USP, 7 jun. 2023. Disponível em: <https://www.ime.usp.br/~lane/home/MAE0315/Conglomerados.pdf>. Acesso em: 29 ago. 2023.

## SÍNTESE

Neste capítulo, demonstramos que, quando a população apresenta subdivisões em pequenos grupos organizados por posicionamento geográfico, chamados *conglomerados*, é possível (se isso for conveniente) fazer a amostragem por meio desses conglomerados, sorteando com aleatoriedade uma quantidade suficiente de conglomerados, cujos elementos formarão a amostra.

Assim, as unidades de amostragem, sobre as quais é feito o sorteio, passam a compor os conglomerados, e não mais os elementos individuais da população. Esse modelo de amostragem é adotado por motivos de ordem prática e econômica.

## QUESTÕES PARA REVISÃO

1) (FCC – 2019 – Prefeitura Municipal de Recife/PE) Uma população de tamanho 1.600 é dividida em 80 subpopulações distintas. Por meio de um sorteio, 20 subpopulações são selecionadas e todos os elementos nas subpopulações selecionadas são observados. Este tipo de amostragem é denominado de Amostragem:

   a. por Conglomerados.
   b. Sistemática.
   c. Aleatória Estratificada.
   d. Determinística.
   e. por Quotas.

2) (Inaz do Pará – 2017 – DPE-PR) O Estado do Paraná deseja selecionar uma amostra de domicílios que têm cães e/ou gatos domésticos, com o intuito de planejar a próxima campanha da vacina antirrábica. Para isto, foi realizado um plano amostral, em que foi selecionada amostras dos municípios, em seguida, foi feita amostras dos bairros de cada município amostrado, e, por fim, sorteou-se quarteirões dos bairros selecionados, tendo em vista que para estes serão entrevistados todos os domicílios dos quarteirões sorteados. Diante desse contexto, qual técnica de amostragem deverá ser utilizada?

   a. Amostragem Aleatória Simples.
   b. Amostragem Aleatória Estratificada.
   c. Amostragem por Conglomerados.
   d. Amostragem Sistemática.
   e. Amostragem Acidental.

3) (FGV – 2018 – AL-RO) Sobre as vantagens da amostragem por conglomerados, avalie as afirmativas a seguir.

   I. O plano amostral é mais eficiente já que dentro dos conglomerados os elementos tendem a ser mais parecidos.

II. Não há necessidade de uma lista de identificação dos elementos da população.

III. Tem, em geral, menor custo por elemento, principalmente quando o custo por observação cresce se aumenta a distância entre os elementos.

Está correto o que se afirma em:

a. I, apenas.
b. I e II, apenas.
c. I e III, apenas.
d. II e III, apenas.
e. I, II e III.

4) Considere que um estatístico tenha feito uma amostragem da intenção de votos de professores, alunos e servidores de uma faculdade na eleição para reitor, composta por duas chapas. Para garantir que, pelo menos, um professor, um servidor e um aluno estejam na amostra, o estatístico deverá escolher entre o plano de amostragem estratificada e o plano de amostragem de conglomerados. Qual deve ser a escolha nesse caso? Justifique sua resposta.

5) A prefeitura fará uma pesquisa para avaliar os hábitos alimentares das famílias do município. Para isso, dividiu a cidade em 1.000 pequenas regiões e realizou um sorteio que seleciona 70 regiões para participarem de uma entrevista. Considerando esse contexto, determine a técnica de amostragem aleatória utilizada. Justifique sua resposta.

## Questão para reflexão

1) Identifique o tipo de amostragem utilizado em cada um dos casos indicados a seguir.

   a. Para montar uma equipe para atuar em determinado projeto, uma prefeitura decide selecionar aleatoriamente 4 pessoas brancas, 3 pardas e 4 negras.
   b. Uma médica escreve o nome de todos os seus pacientes em pedaços de papel e coloca em uma caixa. Depois de misturá-los, sorteia 10 nomes.
   c. Um executivo que gerencia um teatro decide fazer uma pesquisa com as pessoas que estão na fila de espera para comprar ingresso, entrevistando uma pessoa a cada 10 presentes na fila.
   d. Para selecionar uma amostra de domicílios na cidade de Belo Horizonte, as ruas foram identificadas pelas letras de A a F. Já as casas de cada rua foram classificadas com o nome da rua, seguido de um número. Primeiramente, foram sorteadas duas ruas (B e F) e, depois, foram selecionados ao acaso 50% dos domicílios de cada rua.

# Considerações finais

Depois de conhecer as técnicas de amostragem e adquirir o conhecimento necessário para aplicações práticas, há algo que precisa ser considerado como fundamental para o profissional de estatística: o *feeling* **estatístico**.

É essencial que o profissional entenda o caso, a situação-problema, o objetivo da coleta de dados, as intenções com os resultados da pesquisa e, com isso, os casos anteriores, as experiências já vividas, as situações parecidas que já foram resolvidas para, então, totalmente embasado pela teoria e tecnicidade necessárias, escolher o melhor caminho para executar a pesquisa e alcançar os resultados.

Ao *feeling* estatístico, que é parcialmente nato, é preciso acrescentar estudo, conhecimento e experiência. A experiência aqui é entendida como situações pessoais vivenciadas na própria carreira ou a disposição em aprender com as situações de carreira vividas por outros profissionais.

De tudo o que compõe o *feeling* estatístico, o que depende exclusivamente do acadêmico e futuro profissional é a disposição em estudar e aprender com livros, aulas, cursos e conselhos de outros profissionais.

Sugerimos que você, leitor, assuma essa posição de aprender e desfrute da plenitude daquilo que foi implantado no nascimento e aperfeiçoado com a humildade de ouvir, entender e crescer.

## Lista de siglas

AAS – amostragem aleatória simples
AASc – amostragem aleatória simples com reposição
AASs – amostragem aleatória simples sem reposição
AE – amostragem estratificada
AEpr – amostragem estratificada proporcional
AEun – amostragem estratificada uniforme
AS – amostragem sistêmica
CEP – código de endereçamento postal
EPA – efeito de planejamento
EQM – erro quadrático médio
IBGE – Instituto Brasileiro de Geografia e Estatística
IC – intervalo de confiança
Inep – Instituto Nacional de Estudos e Pesquisas Educacionais Anísio Teixeira
Inmetro – Instituto Nacional de Metrologia, Qualidade e Tecnologia
PA – progressão aritmética
Pnad – Pesquisa Nacional por Amostra de Domicílios

# Referências

AMOSTRAGEM. In: HOUAISS, A.; VILLAR, M. de S. **Minidicionário Houaiss da língua portuguesa**. 3. ed. rev. e aum. Rio de Janeiro: Instituto Antônio Houaiss; Objetiva, 2001. p. 40.

BORTOLOSSI, H. J. **Tratamento da informação/análise de dados**: aula 04. Instituto de Matemática e Estatística. Curso de Especialização em Ensino de Matemática. Niterói: UFF, 2015. Disponível em: <https://www.professores.uff.br/hjbortol/wp-content/uploads/sites/121/2017/09/aula-04-2.pdf>. Acesso em: 30 abr. 2023.

BRASIL. Ministério da Educação. Instituto Nacional de Estudos e Pesquisas Educacionais Anísio Teixeira. **Censo da Educação Básica 2020**: resumo técnico. Brasília: Inep, 2021. Disponível em: <https://download.inep.gov.br/publicacoes/institucionais/estatisticas_e_indicadores/resumo_tecnico_censo_escolar_2020.pdf>. Acesso em: 25 ago. 2023.

BRASIL. Tribunal Superior Eleitoral. **PesqEle Público**. Disponível em: <https://pesqele-divulgacao.tse.jus.br/app/pesquisa/detalhar.xhtml>. Acesso em: 25 ago. 2023.

IBGE – Instituto Brasileiro de Geografia e Estatística. **Censo 2010**: Sobre – Apresentação. Disponível em: <https://censo2010.ibge.gov.br/sobre-censo/apresentacao.html>. Acesso em: 25 ago. 2023a.

IBGE – Instituto Brasileiro de Geografia e Estatística. IGBEeduca Jovens. **Conheça o Brasil**: população. Disponível em: <https://educa.ibge.gov.br/jovens/conheca-o-brasil/populacao/20590-introducao.html>. Acesso em: 25 ago. 2023b.

IBGE – Instituto Brasileiro de Geografia e Estatística. **Pnad Contínua – Pesquisa Nacional por Amostra de Domicílios Contínua**. Disponível em: <https://www.ibge.gov.br/estatisticas/sociais/populacao/9173-pesquisa-nacional-por-amostra-de-domicilios-continua-trimestral.html?edicao=20106&t=conceitos-e-metodos>. Acesso em: 25 ago. 2023c.

LUCINSCHI, D. "President" Landon and the 1936 Literary Digest Poll. **Social Science History**, v. 1, n. 36, p. 23-54, Spring 2012. Disponível em: <https://www.cambridge.org/core/journals/social-science-history/article/president-landon-and-the-1936-literary-digest-poll/E360C38884D77AA8D71555E7AB6B822C>. Acesso em: 25 ago. 2023.

MOORE, D. S. **A estatística básica e sua prática**. Barueri: Guanabara Koogan, 2000.

PADRINHO NOTA 10. Disponível em: <http://www.padrinhonota10.com.br>. Acesso em: 25 ago. 2023.

PALU, C. et al. **Amostragem probabilística sistemática**. Disponível em: <https://docs.ufpr.br/~ricardo.valgas/amostragem/sistematica.pdf>. Acesso em: 25 ago. 2023.

PETLOVE. **Famílias brasileiras têm mais pets do que crianças**. Disponível em: <https://www.petlove.com.br/dicas/familias-brasileiras-tem-mais-pets-do-que-criancas>. Acesso em: 25 ago. 2023.

SOUZA, F. V. M. de.; SANTOS, M. A. dos. A estatística como ferramenta da matemática aplicada para contribuir no controle do excesso de peso dos alunos do ensino médio do Colégio Estadual Senador Correia. In: PARANÁ. Secretaria da Educação. **Os desafios da escola pública paranaense na perspectiva do professor PDE**: produções didático-pedagógicas. 2014. v. II. p. 1-24. Disponível em: <http://www.diaadiaeducacao.pr.gov.br/portals/cadernospde/pdebusca/producoes_pde/2014/2014_uepg_mat_pdp_fabiane_valeria_moreira.pdf>. Acesso em: 25 ago. 2023.

ZIBETTI, A. **Distribuição normal (gaussiana)**. Disponível em: <https://www.inf.ufsc.br/~andre.zibetti/probabilidade/normal.html>. Acesso em: 5 mar. 2023.

# Respostas

## CAPÍTULO 1

### Questões para revisão

1) A pesquisa censitária utiliza todos os elementos da população, ao passo que a pesquisa amostral utiliza somente alguns elementos da população.

2) A amostra probabilística é feita de tal maneira que todos os elementos da população têm chance de fazer parte da amostra. Além disso, permite a quantificação da margem de erro. Já a amostra não probabilística varia entre uma escolha mais direcionada e outra que não apresenta informações que possibilitem definir algum critério de escolha. Ademais, não permite a quantificação da margem de erro.

3) a

4) c

5) c

### Questão para reflexão

1)
   a. A população de interesse é formada pelos adultos não alfabetizados.

   b. Sim, porque a população de interesse é muito grande e espalhada pelo país; assim, a pesquisa seria inviável se não fosse realizada por amostragem.

## CAPÍTULO 2

### Questões para revisão

1) O erro amostral acontece pela variação na representatividade da amostra escolhida. Normalmente caracteriza má escolha da amostra. O erro não amostral ocorre quando as respostas obtidas (valores, classificações, entre outros) são diferentes dos dados reais, e os motivos são diversos para essa ocorrência.

2) O principal objetivo do erro quadrático médio (EQM) é encontrar a diferença média entre um valor e seu parâmetro inicial. Resume-se seu objetivo como simplesmente compreender (quantificar) um "erro de previsão".

3) a

4) e

5) d

### Questão para reflexão

1) Na amostragem aleatória simples sem repetição, o mesmo elemento pode aparecer apenas uma vez. Já na amostragem aleatória simples com repetição, o mesmo elemento pode aparecer mais de uma vez.

# CAPÍTULO 3

## Questões para revisão

**1)** b

**2)** Calculando o IC para a média, temos:

$$IC = \left(\mu - Z \cdot \frac{\sigma}{\sqrt{n}}; \mu + Z \cdot \frac{\sigma}{\sqrt{n}}\right)$$

$$IC = \left(40,0 - 1,96 \cdot \frac{2,5}{\sqrt{25}}; 40,0 + 1,96 \cdot \frac{2,5}{\sqrt{25}}\right)$$

$IC = (40,0 - 0,98; 40,0 + 0,98)$

$IC = (39,02; 40,98)$

**3)** a

**4)** d

**5)**
 a. Sim, pois se trata de uma amostragem aleatória simples (AAS).

 b. Sim, pois se trata de uma AAS.

## Questão para reflexão

**1)**
 a. Fazendo-se o plano amostral por AAS, seria necessário:

 i. escolher 100 famílias, das quais 12 não têm filhos, 18 têm um filho, 35 têm dois filhos, 20 têm três filhos e 15 têm quatro filhos;

 ii. numerar cada família com os números {1, 2, 3, 4, 5, ..., 100};

 iii. sortear um dos números.

 b. Como serão dois sorteios, é possível considerar o caso de uma família ser sorteada nos dois sorteios.

 Para o caso de uma mesma família ser sorteada nos dois sorteios, há a possibilidade de aplicar a amostragem aleatória simples com reposição (AASc). Nesse caso, o plano amostral seria:

 i. escolher 100 famílias, das quais 12 não têm filhos, 18 têm um filho, 35 têm dois filhos, 20 têm três filhos e 15 têm quatro filhos;

 ii. numerar cada família com os números {1, 2, 3, 4, 5, ..., 100};

 iii. sortear um dos números;

 iv. devolver o número da família sorteada para o conjunto dos 100 números;

 v. sortear um dos números.

 Para o caso de uma mesma família não poder ser sorteada nos dois sorteios, pode-se aplicar a amostragem aleatória simples sem reposição (AASs). Nesse caso, o plano amostral seria:

 i. escolher 100 famílias, das quais 12 não têm filhos, 18 têm um filho, 35 têm dois filhos, 20 têm três filhos e 15 têm quatro filhos;

 ii. numerar cada família com os números {1, 2, 3, 4, 5, ..., 100};

 iii. sortear um dos números;

 iv. sortear um dos números restantes.

 c.

| Par ordenado da representação | Probabilidade |
|---|---|
| (0,0) | $p = 12/100 \cdot 12/100 \to p = 1,44\%$ |
| (0,1) | $p = 12/100 \cdot 18/100 \to p = 2,16\%$ |
| (0,2) | $p = 12/100 \cdot 35/100 \to p = 4,20\%$ |
| (0,3) | $p = 12/100 \cdot 20/100 \to p = 2,40\%$ |
| (0,4) | $p = 12/100 \cdot 15/100 \to p = 1,80\%$ |
| (1,0) | $p = 18/100 \cdot 12/100 \to p = 2,16\%$ |
| (1,1) | $p = 18/100 \cdot 18/100 \to p = 3,24\%$ |
| (1,2) | $p = 18/100 \cdot 35/100 \to p = 6,30\%$ |
| (1,3) | $p = 18/100 \cdot 20/100 \to p = 3,60\%$ |
| (1,4) | $p = 18/100 \cdot 15/100 \to p = 2,70\%$ |
| (2,0) | $p = 35/100 \cdot 12/100 \to p = 4,20\%$ |
| (2,1) | $p = 35/100 \cdot 18/100 \to p = 6,30\%$ |
| (2,2) | $p = 35/100 \cdot 35/100 \to p = 12,25\%$ |
| (2,3) | $p = 35/100 \cdot 20/100 \to p = 7,00\%$ |
| (2,4) | $p = 35/100 \cdot 15/100 \to p = 5,25\%$ |
| (3,0) | $p = 20/100 \cdot 12/100 \to p = 2,40\%$ |
| (3,1) | $p = 20/100 \cdot 18/100 \to p = 3,60\%$ |

| (3,2) | p = 20/100 · 35/100 → p = 7,00% |
|---|---|
| (3,3) | p = 20/100 · 20/100 → p = 4,00% |
| (3,4) | p = 20/100 · 15/100 → p = 3,00% |
| (4,0) | p = 15/100 · 12/100 → p = 1,80% |
| (4,1) | p = 15/100 · 18/100 → p = 2,70% |
| (4,2) | p = 15/100 · 35/100 → p = 5,25% |
| (4,3) | p = 15/100 · 20/100 → p = 7,00% |
| (4,4) | p = 15/100 · 15/100 → p = 2,25% |

**d.** As duas escolhas são por AASs, pois são quatro famílias distintas, embora duas sejam escolhas distintas pela importância da ordem das famílias escolhidas dada por cada uma.
A primeira escolha não considera a ordem das famílias escolhidas, apenas a quantidade de filhos de cada uma. Assim:

- Probabilidade de a família ter dois filhos: 35/100
- Probabilidade de a família ter três filhos: 20/100
- Probabilidade de a família ter quatro filhos: 15/100
- Probabilidade de a família ter um filho: 18/100

Todas as ordens possíveis para a escolha das quatro famílias: P4 = 4!

$$p = \frac{35}{100} \cdot \frac{20}{100} \cdot \frac{15}{100} \cdot \frac{18}{100} \cdot 4!$$

p = 0,054
p = 5,4%

A segunda escolha considera a ordem das famílias escolhidas, além da quantidade de filhos, pois a quádrupla é **ordenada**. Isso muda a probabilidade:

- Probabilidade de a família ter dois filhos: 35/100
- Probabilidade de a família ter três filhos: 20/100
- Probabilidade de a família ter quatro filhos: 15/100
- Probabilidade de a família ter um filho: 18/100

$$p = \frac{35}{100} \cdot \frac{20}{100} \cdot \frac{15}{100} \cdot \frac{18}{100}$$

p = 0,00225
p = 0,225%

## CAPÍTULO 4

Questões para revisão

1) b

2) e

3) c

4) Uma opção de resposta é a seguinte: (1) visa produzir estimativas mais precisas tanto para a população toda quanto para subpopulações; (2) em geral, quanto menos os elementos de cada estrato forem parecidos entre si e entre os estratos, maior será a precisão dos estimadores; (3) a amostragem estratificada produz estimativas mais eficientes do que a amostragem aleatória simples.

5) A amostragem estratificada, a fim de garantir a representatividade das duas cidades e da zona rural.

Questão para reflexão

1) Quando a diversidade de uma população permite a definição de variáveis (características) significativas dentro dela, convém fazer a amostragem estratificada para conseguir analisar a população de maneira mais próxima da realidade efetiva. Caso contrário, tratar uma grande diversidade de variáveis significativas por uma AAS poderá mascarar os resultados na análise da população.

# CAPÍTULO 5

Questões para revisão

**1)** b

**2)** e

**3)** b

**4)** A resposta correta é *amostragem sistemática*, que é construída por alguma imposição do pesquisador no que diz respeito à numeração das unidades, ao tamanho da amostra ou à amostra do número de referência da unidade inicial.

**5)** Seleciona-se, ao acaso, uma operação de compra entre as 75 primeiras da planilha eletrônica e, em seguida, tomam-se para a amostra todas as operações de compra que estão em posições obtidas, acrescentando-se à posição da primeira múltiplos inteiros de 75.

Questão para reflexão

**1)** É necessário fazer a listagem com a numeração das casas adaptada para a numeração que será utilizada na sistematização da amostra. Assim, temos a seguinte tabela:

| Casa | População |
|---|---|
| 1001 | 001 |
| 1003 | 002 |
| 1005 | 003 |
| 1007 | 004 |
| (...) | (...) |
| 1301 | 150 |
| (...) | (...) |
| 2001 | 50 |

Desse modo, a razão da sistematização (para a numeração da população) é

$$r = \frac{500}{20} \rightarrow r = 25$$

**a.** A casa 1007 corresponde ao número 004 da população. Assim, a listagem fica do seguinte modo:

| Amostra | Casa |
|---|---|
| 004 | 1007 |
| 029 | 1032 |
| 054 | 1057 |
| 079 | 1082 |
| 104 | 1107 |
| 129 | 1132 |
| 154 | 1157 |
| 179 | 1182 |
| 204 | 1207 |
| 229 | 1232 |
| 254 | 1257 |
| 279 | 1282 |
| 304 | 1307 |
| 329 | 1332 |
| 354 | 1357 |
| 379 | 1382 |
| 404 | 1407 |
| 429 | 1432 |
| 454 | 1457 |
| 479 | 1482 |

A casa $k$ apresenta uma relação com o correspondente A da amostra da seguinte forma:

$1001 = 1 + 1000 + (1 - 1)$
$1003 = 2 + 1000 + (2 - 1)$
$1005 = 3 + 1000 + (3 - 1)$
(...)
$k = A + 1000 + (A - 1)$, ou sej

$$A = \frac{k - 999}{2}$$

**b.** Com a mesma razão r = 25 para uma amostra de 20 casas, temos:

| Amostra | Casa |
|---|---|
| $\dfrac{k-999}{2}$ | k |
| $\dfrac{k-999}{2} + 25 = \dfrac{k-949}{2}$ | k + 25 |
| $\dfrac{k-999}{2} + 50 = \dfrac{k-899}{2}$ | k + 50 |
| $\dfrac{k-999}{2} + 75 = \dfrac{k-849}{2}$ | k + 75 |
| $\dfrac{k-999}{2} + 100 = \dfrac{k-799}{2}$ | k + 100 |
| $\dfrac{k-999}{2} + 125 = \dfrac{k-749}{2}$ | k + 125 |
| $\dfrac{k-999}{2} + 150 = \dfrac{k-699}{2}$ | k + 150 |
| $\dfrac{k-999}{2} + 175 = \dfrac{k-649}{2}$ | k + 175 |
| $\dfrac{k-999}{2} + 200 = \dfrac{k-599}{2}$ | k + 200 |
| $\dfrac{k-999}{2} + 225 = \dfrac{k-549}{2}$ | k + 225 |
| $\dfrac{k-999}{2} + 250 = \dfrac{k-499}{2}$ | k + 250 |
| $\dfrac{k-999}{2} + 275 = \dfrac{k-449}{2}$ | k + 275 |
| $\dfrac{k-999}{2} + 300 = \dfrac{k-399}{2}$ | k + 300 |
| $\dfrac{k-999}{2} + 325 = \dfrac{k-349}{2}$ | k + 325 |
| $\dfrac{k-999}{2} + 350 = \dfrac{k-299}{2}$ | k + 350 |
| $\dfrac{k-999}{2} + 375 = \dfrac{k-249}{2}$ | k + 375 |
| $\dfrac{k-999}{2} + 400 = \dfrac{k-199}{2}$ | k + 400 |
| $\dfrac{k-999}{2} + 425 = \dfrac{k-149}{2}$ | k + 425 |
| $\dfrac{k-999}{2} + 450 = \dfrac{k-99}{2}$ | k + 450 |
| $\dfrac{k-999}{2} + 475 = \dfrac{k-49}{2}$ | k + 475 |

# CAPÍTULO 6

Questões para revisão

1) a

2) e

3) c

4) O plano de amostragem a ser utilizado precisa ser a amostragem estratificada, pois é necessário garantir a representatividade solicitada de um professor, um servidor e um aluno, que são estratos da população.

5) É a amostragem por conglomerados, pois a unidade amostral é cada uma das regiões.

Questão para reflexão

1)
   a. Amostragem estratificada.
   b. Amostragem aleatória simples (AAS).
   c. Amostragem sistemática.
   d. Amostragem por conglomerados e AAS.

## Sobre o autor

**Fabiano Batista Ribeiro** é mestre em Matemática pela Universidade Federal do Paraná (UFPR), especialista em Desenvolvimento de Liderança pela FAE Business School e licenciado em Matemática pela Universidade Tuiuti do Paraná (UTP). Desde 1997, leciona para o ensino médio em instituições como Grupo Bom Jesus (atualmente), Grupo Positivo e Grupo Alfa e, desde 2000, para o ensino superior nas instituições FAE Business School e Universidade de Marília (Unimar) – nesta última, na modalidade de educação a distância (EaD). Tem produzido materiais didáticos para o ensino médio e o ensino superior, além de oferecer mentoria para quem busca preparação para vestibular, Exame Nacional do Ensino Médio (Enem) e plano de carreira.

Impressão:
Fevereiro/2024